故宫官式建筑大木作技艺
和它的传人们

李文浩 顾军 著

顾军 苑利 主编

北 京 出 版 集 团
北京美术摄影出版社

图书在版编目（CIP）数据

故宫官式建筑大木作技艺和它的传人们 / 李文浩，顾军著 ；顾军，苑利主编. — 北京 ：北京美术摄影出版社，2022.6
（文物大医生）
ISBN 978-7-5592-0494-3

Ⅰ. ①故… Ⅱ. ①李… ②顾… ③苑… Ⅲ. ①木结构—古建筑—修缮加固—研究—中国②木结构—古建筑—修缮加固—工作人员—介绍—中国 Ⅳ. ①TU746.3 ②K826.16

中国版本图书馆CIP数据核字（2022）第085130号

责任编辑：赵　宁
执行编辑：班克武
责任印制：彭军芳

文物大医生
故宫官式建筑大木作技艺和它的传人们
GUGONG GUANSHI JIANZHU DAMUZUO JIYI HE TA DE CHUANRENMEN

李文浩　顾军　著

顾军　苑利　主编

出　版　北 京 出 版 集 团
　　　　　北京美术摄影出版社
地　址　北京北三环中路6号
邮　编　100120
网　址　www.bph.com.cn
总发行　北京出版集团
发　行　京版北美（北京）文化艺术传媒有限公司
经　销　新华书店
印　刷　雅迪云印（天津）科技有限公司
版印次　2022 年 6 月第 1 版第 1 次印刷
开　本　787 毫米 ×1092 毫米　1/16
印　张　11.25
字　数　84 千字
书　号　ISBN 978-7-5592-0494-3
定　价　72.00 元

如有印装质量问题，由本社负责调换
质量监督电话　010-58572393

主编寄语

　　自冯骥才先生提出"传承人"概念开始，这个概念便一直被沿用至今。记得2007年文化遗产日期间，面对新华社记者的采访，我说过这样一段话：以往，一讲到中华文化的名人，我们便会想到孔子、孟子。不错，作为中华文明的集大成者，他们确实做出过杰出贡献。但是，在关注他们以及他们成就的伟大事业外，我们还应注意一个问题——除孔孟之道外，中华民族还有许多文明成就并不是由孔孟创造的。譬如，我们的中华饮食制作技术、我们的东方建筑技术、我们的造纸术、我们的活字印刷术、我们的纺织技术，以及我们已经传承了数千年之久的中华农耕技术等。也就是说，在中华文明的发展过程中，有那么一批人，同样为中华文明做出过杰出的贡献，他们就是妇孺皆知的鲁班、蔡伦、毕昇、黄道婆，拿今天的话来说，就是我们的非物质文化遗产传承人。一个国家的发展，一个国家的文明创造，没有他们的参与是万万不能的。随后，由我们提出的"以人为本"原则，以及"传承主体"概念等，基本上也都是围绕着如何认定传承人、保护传承人和用好传承人这一基本思路展开的。冯骥才认为传承人是一群智慧超群者，他们"才华在身，技艺高超，担负着民间众生的文化生活和生活文化。黄土地上灿烂的文明集萃般地表现在他们身上，并靠着他们代代相传。有的一传数百年，有的延续上千年。这样，他们的身上就承载着大量的历史信息。特别是这些传承人自觉而严格地恪守着文化传统的种种规范与程式，所以他们的一个姿态、一种腔调、一些手法直通远古，常常使我们穿越时光，置身于这一文化古朴的源头里。所以，我们称民间文化为历史的'活化石'"。

与精英文化所传文明的经史子集不同，传承人所传文明，主要体现在传统表演艺术、传统工艺技术和传统节日仪式3个方面。而本套丛书所采访记录的各位大家，正是偏重于传统工艺技术的文物修复类遗产的传承人。

人们对非物质文化遗产的认识，是有一个明显的渐进过程的。最初，人们并没有意识到文物修复与非物质文化遗产有何关联，所以在2006年第一批国家级非物质文化遗产项目中，就没有什么文物修复项目。当我们意识到这个问题后，便在2007年出版的《非物质文化遗产学教程》中，特意提到了文物修复，并认为这同样是一笔宝贵的非物质文化遗产，应该纳入保护系列并实施重点保护。从那时起，文物修复类项目也渐渐多了起来。

此次出版的"文物大医生"丛书，所收录的多半是专门从事皇家文物修复工作的老一代文物修复工作者讲述的故事。我们的目的是想通过他们将中国古老的文物修复历史，其中所涉及的著名历史人物、历史事件以及这些老手艺人总结出来的非常实用的文物修复技术，通过一个个真实、生动且有趣的故事，告诉每一位读者。这些故事很多都是首次披露，希望能给读者带来更多的收获和惊喜。

在这套丛书即将出版之际，我们还要感谢采访到的各位传承人。正是因为他们的努力，我们的老祖宗在历史上总结出的许多文物修复技术才能原汁原味地传承下来，也正是因为他们腾出大量时间接受我们的采访，他们所知道的故事才能通过这套丛书传诸后代。

顾军　苑利

2022 年 5 月 6 日于北一街 8 号

前 言

　　大木作技艺，通常来讲即为针对建筑物的木构架结构进行的营造与修缮工作。中国古代建筑经历了7000余年的发展与演变，形成了较为独特的建筑结构体系与营造技法，并深刻地影响到了整个东亚文化圈内诸多国家的古代建筑形制与构造手法的形成与发展。我国在地球上所处的位置——亚洲东部的季风性气候区域的气候特点及自然资源，决定了我国的建筑结构是以土、木结构为主的。木构架建筑体系是中国古代建筑的主体，在世界建筑史上，是一个历史悠久、分布地域广阔、延绵不断且持续发展的建筑体系。中国木构架建筑比起西方的砖构、石构、天然混凝土构的古代建筑来说，耐存性要差得多。这导致了木构架建筑维修、翻修、重建的频率很高。在针对古建筑进行次数频繁、规模宏大的修整工作的同时，修缮古建筑木构架的匠人队伍也应运而生，并不断地壮大，大木作技艺也得到了不间断的传承与发展。

故宫作为明清两代封建统治者的皇宫，同时也是世界上现存规模最大的木结构建筑群，其文物价值以及木结构的精密程度是其他古代建筑所无法比拟的，而针对其本身营造与修缮的大木作技艺则更可谓是这一领域的集大成者。可以说，故宫的官式古建筑是中国古建筑体系的活化石，它直观地展示出了中国传统建筑大木作技艺高超的艺术价值及非凡的生命力，具有很高的历史认识价值、科学价值、艺术价值。

中国传统木作营造技艺经历了数千年的发展与传承，因地域气候和文化等因素演化出了若干不同的营造流派，并对当下中国建筑行业有着一定的影响。中国传统木构建筑大致可以分为黄河流域与长江流域这两大发源地。其历史颇为悠久，浙江余姚河姆渡出土的木构房屋遗址有7000多年的历史，西安半坡的房屋遗址也有6000多年的历史。

传统木构建筑大致可以分为5个历史阶段：原始社会时期的萌芽阶段，春秋战国时期的雏形阶段，秦汉时期的发展阶段，唐、宋、辽、金时期的成熟阶段，元、明、清时期的鼎盛阶段。不同历史时期的建筑形制和营造技法各有特点，营

宁波余姚河姆渡遗址建筑复原画

造技艺也在漫长的实践过程中不断发展变化，至明清故宫营造时期达顶峰。建造工艺与行规术语经过了千余年的演变与积累，通过一系列建筑学著作的系统化总结，历史底蕴十分丰厚。

在中国的官式建筑的技术发展历史上，有两部标志着中国古代建筑木作工艺进入标准化施工流程的规范性的文献著作，分别是北宋时期的《营造法式》以及清代工部的《工程做法》。二者均对官式建筑的尺寸、选材、施工流程、行业规范等内容做出了较为严格细致的规定。其中《工程做法》是指导一系列明清时期官式建筑营造修缮的行业标准，其发展自《营造法式》，但在细节的处理上又有着诸多不同，可以看作是对宋代营造技艺的进一步改进。除木作专有名词的称谓发生变化外，清代建筑较宋代建筑还有以下几个显著的变化：屋顶尺寸缩小，房屋顶部与房屋中部的结构占比更小；斗拱结构简化，尺寸缩小，所发挥的作用由承重作用逐渐转化为装饰和抗震作用；梁架的尺寸比例缩小，结构更为紧凑等。明清时期是我国古代官式建筑发展的鼎盛阶段，学习和研究以故宫为代表的明清官式建筑营造技艺，是我们了解中国古建筑营造行业发展的重要途径。

大木作修缮技艺历经了数千年的传承与发展，在形制的规划和细节的处理上蕴含着深厚的文化价值。中国传统大木作营造技艺包含了一定的中国传统思想观念。大木作营造技艺在选材和施工过程中顺应了事物发展规律，体现了对自然的尊重。营造技艺及与营造相关的修缮理念和文化风俗在一定程度上反映了古代中国人的宇宙观，揭示了中国传统社

藏于北京古代建筑博物馆的斗拱实物

会的等级制度和人际关系，凝结了独特的审美意象和文化内涵。这些观念和习俗至今依然对国人产生着潜移默化的文化影响。

文物建筑的艺术审美价值，大多体现在建筑的砖雕和彩绘之中，特别是建筑的彩绘，被古建筑学家誉为"藏在木头里的灵魂"。建筑彩绘不光是优美精良的艺术作品，也是封建等级制度的体现。而故宫主体建筑是封建帝王时期唯一可以使用和玺彩绘这一最高等级形制的古代建筑，象征着皇权的至高无上，其文化艺术价值是无可替代的。而承载着建筑彩绘的檩，则无疑是彩绘的基石。"雕梁画栋"一词便是对彩绘与大木结构之间对应关系的完美诠释。只有大木结构保护得完好，彩绘才能完整长久地保存，文物建筑的艺术价值才会得以存续发扬。例如2016年故宫组织建福宫花园彩绘修复保护工作时，便是在主体建筑横梁部分修缮工作全部结束后，再由彩绘部门对彩绘部分进行修复。由大木作营造技艺建造而成的屋顶同样具有非凡的艺术价值。中国北方古代建筑的屋顶大致可以分为硬山顶、悬山顶、歇山顶、庑殿顶几大类，其中以庑殿顶的形制为最高级别，非皇家建筑不可使用。故宫中，庑殿顶的使用数量为世界上所有建筑群中最多的，其艺术价值自然可见一斑。除此之外，明清时期古建筑的斗拱绝大部分已经不再发挥承重的作用，转向发挥装饰与点缀的作用。故宫古建筑的斗拱精美，雕刻细致，出踩大方，许多部件均覆有彩画，是不可多得的艺术珍品。

故宫古代建筑设计之初的第一价值自然是居住，实用性是其第一性。中国传统大木作营造技艺体现了中国古代的科学技术水平，具有较高的科学价值。中国大木作营造技艺是以木材为主要建筑原料，以榫卯为木构件的主要结合方法，以模数为单位，设计和加工而成的建筑营造技术体系。榫卯插接方式使木结构具备优秀的韧性和抗震性，故宫主体建筑在其建成600多年内未因自身原因造成过严重的塌方、歪闪等事故，足以见其营造之初结构和细节处理上的科学性与合理性。即使是历经了诸如20世纪70年代唐山大地震这样的大型自然灾害，故宫中古建筑的大木作结构也未发生严重的结构性损害。以模数为单位进行加工使得建筑的整体建造周期较短，可以预先加工备件，运送至现场进行快速组装。木结构构件受力合理、连接巧妙，凝结了诸多古代技术的智慧。

除加工和设计方面，官式建筑大木作技艺在选料上同样体现了古人独到的智慧。作为古代封建时期皇家建筑中等级规制最高的存在，故宫建筑在选料与营建时自然会按照最高的等级形制进行安排。以营造木材为例，故宫中大木建筑于明代第一次营建之时的主体部分无一例外地选用了珍贵的金丝楠木，这在古今中外的建筑营建历史中都是十分罕见的。即使是后世历代修缮和重建时因木材紧张而"退而求其次"地选用其他木料，也大多是材料上乘的红松木。这主要是因为金丝楠木蕴含的油性较大，防腐性能良好，短期内不易被虫蛀。且木材质地轻盈，天然结构的稳定性强，容易被加工成各式各样的构件。楠木树材本身粗大，取心后可以被整段加工为梁架和柱子。且楠木柔软，适合雕刻，可以说是作为建筑木材的不二之选。

中国传统大木作技艺在细节设计上同样体现着诸多的科学细节。清代官式建筑在营造过程中具有诸多的建造通则，涉及面阔与进深、柱高与柱径、步架与举架、收分与侧脚、上出与下出等诸多比例关系。通常情况下，官式建筑明间面宽与柱高比例为10：8，柱高与柱径的比例为11：1，也就是通常所说的面宽一丈，柱高八尺。根据这些规定，可以对建筑的比例细节进行推算。为了增强建筑结构的稳定性，古建筑最外部的柱子通常要进行一定比例的向内倾斜，这种做法被称为"侧脚"，修缮匠人也称之为"掰升"。官式建筑的侧脚尺寸与收分尺寸大致相等，如柱高5米，收分5厘米，侧脚也为5厘米，即所谓的"溜多少，升多少"。中国古建筑大多出檐深远，其大小也有尺寸规定。故宫中带斗拱的大型建筑，上出檐的水平距离一般为21斗口，其中2/3为檐椽尺寸，1/3为飞椽尺寸。古建筑上出大于下出，二者之间会形成一段距离差，这段差被称作"回水"。回水的作用在于保证雨水顺屋檐流下后不会直接浇在台明上，从而保护柱根和墙身不受雨水侵蚀。北京地处温带季风气候区，夏季降水量大且集中，这一设计可以有效保护木质建筑的主体。

中国古代建筑以模数为单位，以斗口为尺寸，在工作过程之中有着流传甚广的行业术语和口诀。这些内容虽然未被系统地总结为正式的理论知识，但依然与自然科学有着诸多不谋而合之处。同时，随着时代进步，大木作技艺也在依托科学技术进行创新，从而产生了一些具有严谨科学性的修缮手法。因此，故宫官式建筑大木作技艺具备较高的科学价值。

本书将揭开这项深藏故宫中的技艺的神秘面纱，并将故宫官式建筑的建造修缮历史和营缮匠人们的故事告诉给广大读者，希望这项技艺能为更多的人知道和喜欢。

目 录

01

初识大木作修缮技艺

一、工艺流程

1. 探伤与定损

探伤与定损是大木作修缮工作的前提和基础。只有发现了大木结构中存在的损伤并确定受损害的程度，才能制订出具体的修缮方案，从而开展古建筑的修缮工作。

木结构建筑一般情况下最容易出现的损害为受潮腐朽及虫蛀。以柱子为例，一般是柱根出现糟朽。故宫官式建筑中前檐柱较为容易受到雨水的侵蚀，特别是柱顶石往上30厘米左右的部位，是最容易出现腐坏的。除檐柱外，角柱因为4/5的部分在墙里，如果通风条件较差亦容易发生糟朽。因此，墩接柱子的修缮工作在故宫文物建筑的修缮工作中是最为频繁的。判断柱子是否糟朽一般是通过"看"和"敲"。如果有的老柱子油漆和麻灰层发生了脱落，熟练的修缮匠人直接用肉眼就可以看出是否发生糟朽；如果眼睛看不出来的话就会用锤子敲，当敲击发出"噗噗"的声音的时候，大概率为发生糟朽。抑或用铁钎捅柱体，如果很顺利地能捅进去，则同样可以判断出发生了糟朽，从而对症下药，制订出相应的修缮方案。

2．丈量及标记

由于古建筑的特殊性，其在修缮与施工过程中会与常规建筑有显著的差异。在实际修缮工作中，匠人们经常会使用两种计量方法——"排杖杆"和"讨退"。

杖杆是中国古代建筑大木作修缮工作中一种较为重要的尺寸度量工具，一般用杉木、红松或其他不易变形的材料制作而成。一切木构件的尺寸（如柱子、梁架、枋、榫卯等）都需要用杖杆丈量，进而得出具体需要的用料程度，这一过程称为"排杖杆"。杖杆这一工具不易记错尺寸，且可以在一个长度内计算出若干建筑物的大小和位置，这是钢尺、卷尺等现代建筑建造过程中使用的度量工具所难以做到的。杖杆一般情况下分为总杖杆与分杖杆，总杖杆尺寸较大，大多用于测量建筑物的面阔、进深、柱高、出檐等较大规模的尺寸。分杖杆较小，主要用于度量木作构件，不同的木构件需要用到不同的分杖杆，一般情况下需要先用总杖杆测定完，再用分杖杆测定。在具体测定前，需要对古建筑的比例进行事先的估算与测定，以此节约后续工作的工作量。杖杆在不用的时候需要保存在干燥通风的地方以免受潮变形进而影响精度，同时要在使用之前检查杖杆的精度。在排杖杆的过程中需要修缮工人认真细致，做到线对线，眼对眼，线条粗细要一致。

"讨退法"，又称"抽板法"，是除排杖杆以外古建筑修缮过程中的又一度量方法。"讨"是探讨、寻找的意思，"退"即抽出、舍弃。在实际修缮工作中主要是为了解决枋子截头与圆面吻合的问题，使其成为整体没有缝隙、完整的构架。讨退的时候，首先要将需要讨退的部件制作出来，例如将柱子刨圆、打磨光滑，将椽子剔凿出椽口。之后将各部件码放好。然后制作出抽板，在任意面用文字做上记号，板的两头做上记号，带文字的一面为正面。做好标记后，修缮人员左手拿挡板，右手持抽板，先讨木构件的深浅和大小尺寸，标记在抽板上，每一头用一块抽板。之后将讨退下来的尺寸放在杖杆上进行标记，记录下需要讨退的具体尺寸，比照原有部件标记墨线，用于下一步的木料加工。

在排杖杆和讨退均完成后，就需要在木料上画墨线。在中国古代传统木结构建筑的营造和修缮过程中，鲜有类似于西方和现代建筑中事先在纸面上绘制详细建筑物图纸的习惯，更多的是在木料上绘制墨线。这一做法源于中国古代工匠口传心授、注重实践的工艺习惯，同时也因为传统工匠文化水平普遍不高，用线条符号代替文字说明，有利于修缮工作的顺利开展。墨线一般根据具体的操作需要分为弹线、正线、中心线、大面线、废线、用线、截线、平眼、透眼、大进小出等标记。现代，故宫中官式建筑的修缮工作虽然绘制电子图纸的比重日渐上升，但画墨线的手法依然在实际工作

工作中绘制墨线的木工师傅们

中占据相当重要的地位。

3. 备料、验料、初加工

备料即按照修缮工作所需要的木料，以间为单位列出清单，向给料部门申请采购木料。清单中需要具体列出所用木料的品种、规格、尺寸等信息。中华人民共和国成立初期，故宫中的大木修缮工作还可以使用在库存中留下的金丝楠木。到了1970年以后，无论故宫库存还是全国范围内均难以找到可供大木修缮所使用的金丝楠木，故而转从东南亚地区进口楠木，并大量从俄罗斯、美国等国家进口红杉木和红松木。备料的过程中要考虑加荒，即实际修缮过程中要预留出一定的盈余尺寸，以应对砍、刨、削等操作。

验料指备料工作完成后，在加工之前需要对木料进行检查。其中包括检验木料有无虫蛀、腐朽、变形、节疤、空心、受潮等问题。其中较为重要的指标是木材的含水率，一般情况下用于大木作修缮的木材含水率不得超过25%，否则会影响木结构的承重能力和结构强度，需要做专门的烘干处理。检测木料的含水率可以通过取一段木料后比对其与干燥木料的重量差，从而得出大致的含水量。同时也可用一同敲击的方法，通过敲击声来判断含水率，若敲击后声音较为沉闷，则含水率较高，声音清脆则含水率较低。一般情况下，木材的腐朽、开裂、虫蛀等不超过1/4则不影响正常使用，经过初加工后仍旧可以应用于修缮工作。

材料的初加工指的是在木料画墨线以前，将木材初步加工成规格材的工作。不同木构件的加工方法也不尽相同，通常情况是将木料的底部刨直、抛光，不可出现弯曲的情况。之后，在木料的侧面画上八卦线，沿侧面相交的八卦线刨去木材的外表皮，之后将初加工完的木料按顺序标号，并按记号码放整齐，以待之后的加工使用。

4.木构架的修缮

木构架的修缮一般可分为抽换、墩接、更换椽望、打牮拨正、归安等步骤。

抽换是大木作修缮中较为常见的一种修缮方法，一般用于古建筑的柱体。古建筑的木柱子因为常年暴露在外（特别是檐柱）导致受到风沙、雨水、病虫害的侵蚀较为严重，特别是埋没在墙体中的部分，因通风情况较差很容易发生腐朽。柱子是古建筑承重的主要部件，若柱子发生了较大程度的腐朽导致变形，则会导致建筑整体歪斜甚至坍塌。针对柱子的修缮一般情况下主要方法为抽换。在开始修缮之前需要先对柱子的损害情况进行评估，如果糟朽和损毁的程度不及1/3，就不需要整个更换，用铁丝、铁片箍扎加固即可。如果损坏超过1/3，则需要对柱体进行抽换。在确定了底部需要更换以后，需要先找来合适的木料把需要替换的部分做一个一模一样的出来。这时候要关闭整个建筑，然后搭好工棚，把建筑的所有受力点用钢筋加固好，之后用千斤顶、起重机把其他部件固定好。把坏的部分撤出来，用最快的速度把新做好的木料顶进去，把榫卯结构安装好。这是最为关键的一步，由于上面有千斤顶的缘故，所有修缮工人要在最快的时间内把料换好。等所有的料换完加固好之后，一点一点地把起重机撤走，然后是撤脚手架，最后要对修复状况进行评估，全都完成后，抽换工作宣告完成。

墩接和包镶料是古建筑柱子修缮的另一常见手法。一般情况下，若柱子的糟朽程度未过1/5，则可以对柱子进行包镶处理。包镶主要做法即用锛子和凿子将糟朽部分剔除，之后用新料将缺失部分补上，再用铁丝箍牢，用砂纸打磨

平滑。当糟朽面积大于
1/5时，则一般采用墩
接的方法。常见的做法
是用半榫墩接和抄手榫
墩接。具体方法是：将
木料接在一起的部分各
切去1/2作为搭料，搭
接部分与柱径比例约为
1:1.5。端头做半榫，以
防木料移位。

采用包镶处理的古建筑柱底

　　望板、椽子是古建筑屋面的木基层，常年与泥灰面接
触，较为容易受到侵蚀。而翼角部分又是古建筑大木结构中
最为薄弱、结构强度相对最低的部件，发生断裂、朽坏的概
率较其他木构件来说也最高。因此，在大木修缮工作中更换
望板、椽子和翼角是较为常见的修缮手法。更换檐头椽和望
翼角又称揭瓦檐头，需要将檐部架的瓦面拆除，将受损部分替
换为新件。翼角、翘飞部分较为容易糟朽，需要提前预估好需
要更换部件的数量。换上的新件的大小与长度需要与旧件保持

一致，从而保证建筑整体的出檐比例和原先一致。

打牮拨正一般是在建筑物整体出现歪闪的时候进行的一项修缮工作。打牮拨正是通过打牮杆支顶的方法使木构架复原，一般用于建筑物大木构架歪闪完整，但完全不需要或不需要大量替换原有木构件的情况。具体工序是先支顶上歪闪的木顶，防止其进一步歪闪。之后拆掉望板、椽子，拆除山墙等辅助支撑物，将原有的大木构件完整暴露出来。然后将木构件的榫卯和卡扣去掉，铁件松下，在柱子的外皮处复上

故宫中古建筑的翼角和椽子

中线和升线。在柱子歪闪的部分用牮杆支顶，同时将歪闪部分吊装归位。最后稳住牮杆，将原先拆下的望板、椽子等部件安装归位，卡扣铁片复原，砌好山墙，将牮杆撤去，打牮拨正宣告完工。

　　对于需要落架大修的木结构，一般是将木构架整个卸下、拆开，将零件逐个进行标号，固定码放。将需要替换的零件按照一比一的比例进行重新制造，做完后再按照事先标好的序号小心地重新安装回原位，恢复梁架。这一过程称为

师傅正在进行归安作业序号检查工作

归安。

5. 斗拱的修缮

斗拱的木构件较多，结构较为复杂，零件较小，变化形式多样，各构件之间主要靠斗口和铆眼相互交错承重，截面较小。如果柱子发生下沉，檐桁向外歪斜则都可引起斗拱位移，扭曲变形，甚至进一步出现榫口断裂，小斗脱落的情况。同时，木构件本身的涨缩性受干湿度影响较大，斗口构件较小，绝大部分都是空心的枋材，经常发生昂嘴变形劈裂的情况。

相比较而言，斗拱的用料较小，斗拱的修补一般情况下取决于是否需要进行大拆。如果是大拆，就需要更换新料，重做斗拱。若不是大拆，轻微破损的部件则可以根据"最大限度保存文物原状"的原则进行小范围的修补。斗部发生断裂，断纹较为整齐的，可以直接用胶粘牢。耳部发生脱落的一般需要重做新件粘牢钉固。榫头部分槽朽不严重的可用灌浆粘牢；槽朽严重的可锯掉后重新接榫，用干燥的硬质木料依照原有榫头大小原样制作，用螺栓固定。昂在补配的时候，需要做到与原件相平或榫接。

由于斗拱构件均为手工制作且零部件较多，虽然在设计之初有自己较为固定的标准模式，但仍会存在着一些误差。在构件较大的时候不易察觉，构件较小的时候就会变得比较明显。因此，在更换斗拱构件的时候，就需要事先制定好标准尺寸，做出样板以利施工操作。更换斗拱部件一般是选用与原有木料相同或材质相近的干燥木材，比照标准尺寸原样制作，先做好外形，榫卯部分暂时不做。中小型的部件因为体量较小可以待安装的时候统一开榫制作，以保证工作的交替进行。遇上落架大修的工程则需要把斗拱整个拆下，逐攒修理安装。需要特别注意的是，如果遇到了重点的修缮项目，除了原有形制要最大限度还原外，其自身所蕴含的时代价值和文化信息也要尽可能地予以还原。如拱瓣、拱眼、蚂蚱头以及一些带有雕刻的翼形，它们所蕴含的历史信息和文化信息十分独特，价值宝贵，在修缮的时候应特别注意加以还原。

二、行规与口诀

和许多中国传统手工技艺一样，大木作营造技艺在中国古代并没有上升到官学的范畴，没有自发地形成较为规范的传承体系与教学体系，除北宋《营造法式》与清工部《工程做法》这两部标准化的营造范式外，基本上的传承形式是依靠工匠之间的口传心授，在实际工作之中掌握大木作技艺。而在这一过程之中，一些在匠人之间约定俗成的行规与口诀便应运而生。这些内容涵盖着匠人们千余年的工作经验，有其自身的合理性，且通俗易懂，可以让文化程度不高的工人快速掌握。即使是在当下的故宫古建筑修缮工作中，也发挥着不可小视的作用。

1. 行业规范

在老北京的建筑行业，有句行话叫作："冬季扣锅了。"意思是到了冬天就没什么正经的活儿要干了，上冻了，手伸不开没法干活。同时也就意味着这段时间没有收入来源，没法开锅吃饭了，就得想些别的事情谋生。在民国时期以及中华人民共和国成立初期，由于故宫中大木作修缮工作大部分需要在室外进行，施工现场的取暖设备较为原始，木工工作需要用到大量的精细操作，寒冷的气候会影响工作效率且容易出现安全事故。同时，泥工、瓦工等需要抹水泥调浆的工种无法在冬季进行（浆料中的水分容易结冰），出于工作配合的考虑需要在冬季休工。但不同于当时社会上的建筑行业，故宫博物院会在冬季休工期组织匠人进行理论知识学习和综合培训，也会安排一些室内进行的工作，匠人们不会因为无法开工而面临生计问题。

木匠活属于传统手工工艺，也是非物质文化遗产，需要以传承人为载体进行活态传承。而在民国时期，木匠的文化水平普遍不高，除了手艺以外基本上没有其他安身立命的本事，因此老师傅一般不会轻易地将自己的核心技艺毫无保留地传授给学徒。中华人民共和国成立后，虽然时代改变，故宫博物院给予了修缮匠人们民国时期所不具备的收入和编制保障，但一些老一辈的木匠依然保有原先的工作习惯和性格。例如木匠行业中较为重要的画墨线步骤，一些老匠人在工作的时候会有意地避开他人独自完成，即使是对自己的学徒也不例外。当然，木匠身上也有着值得人们学习的优秀品格。例如行业里约定俗成的规矩之一便是当面切磋交流修缮技艺，同行之间当面指点甚至批评的情况很常见，但绝不会在背地里评论同行的手艺，这是木匠行业令人称道的道德原则。同样，一些上了年纪的老匠人对于修缮工作大多有着自己的原则。例如黄有芳老师傅在2005年一次检查故宫博物院内某处由外包工程队负责的修缮项目时发现了施工流程有不符合规范的地方，便将安全监理叫来特意强调了故宫文物建筑大木作修缮工作的重要性。老匠人普遍认为，学习大木作技艺最重要的品格是能够吃苦耐劳，同时善于观察。过去，包括木工在内的建筑行业被称为"中线行儿"，工作量较大，两周一次休息，且工资水平较低。这些情况在一定程度上客观反映出了民国时期修缮匠人特有的工作状况和工作心态。

木匠工作的操作性较强，工具较多，具有较强的专业性和一定的危险性。一般情况下，故宫中从事大木作修缮的工匠所使用的工具包括锛、凿、斧、锯、刨、锤和弯尺、墨斗、折尺等。锛子与斧子的使用频率最高，需要经常打磨以保持锋利。在民国时期，由于成品工具的价格较为昂贵，同时工具握把和长短等因素因人而异。因此，修缮匠人的工具大多为自己制作或师徒相传。匠人将木料加工好后去城里的铁匠铺打铁，将木件和铁件组合起来便有了自己的修缮工具。一般情况下，老木匠会在退休之后将自己的全套工具送

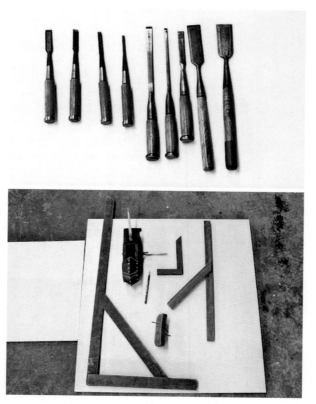

木作修缮工具

给自己的亲传弟子，既是为了节约成本，也是一种精神上的寄托。中华人民共和国成立后，故宫中匠人的修缮工具早已不受成本的制约，但传授工具这一做法却一直保留着，成为约定俗成的习俗。（第三代匠人之一的黄有芳师傅就将自己的修缮工具传给了自己的徒弟。）

在修缮过程中，木匠比较忌讳工作的时候讲话。故宫的大木作修缮现场基本上只能听见工具加工的声音和走动的声音，很少能听见说话特别是闲聊的声音。等到下工休息了，工人们抽烟聊天的时候讲话声音才会多起来。这是因为木工属于精细加工，在画线和使用锛凿斧锯加工的时候需要精神高度集中。如果因为讲话分神，轻则会导致加工出错，整块木料报废，重则会导致工具伤人，出现重大安全事故。木匠

正在加工木料的黄有芳师傅

在工作过程中受伤（特别是手部）是常有的事，即使是工作多年的老匠人也难免会出现失误。出现失误，除会造成自身的残疾，在木匠群体中也属于不大光彩的事情。因此，在教学徒的时候，师傅便会反复地强调不要在工作过程中闲聊。除此之外，如果路过施工现场发现有木匠在屋顶进行高空作业的时候，会特意大喊一声打下招呼，意在提醒屋顶上的匠人，楼下有人，注意不要让工具掉落砸伤人。

2. 行业口诀

"晒公不晒母，朝南不朝北，朝东不朝西。" "晒公不晒母"的意思是做宫殿的榫卯，坐北朝南的房子要确保檩部的公母榫是公榫先被太阳光照射。官式建筑一般都是单数开间，中间的檩子一般都是脊檩。公母榫行话又叫"大头榫"，太阳出来的时候都是先晒公榫而不是母榫。这是死规矩，北方建筑一般都是遵循这个规矩的。还有一句叫作"晒根不晒梢"，也就是一块木材被选定为柱子的材料时，它年轮中较为粗壮的部位要作为柱子根部使用，同时根部要打公榫，而梢部要打母榫，所以也叫"晒根不晒梢"。在墩接柱子的时候，也要按照原有的生长纹路进行严格选材，正所谓寸木不可倒施。

"方五斜七不是七，五寸二寸九方根。五寸二寸八，六方根造家。四六分八方，四外小加一。"这三句话是在作图阶段画出六方和八方亭子的基本规矩，没有尺子的情况下也可画出规矩的六方或八方柱形制的亭子。

"东南西北向，上下金脊枋。前后老檐柱，穿插抱枕梁。"这是基本的20字匠语，用于大木件标写名称。这20字的匠语是大木作修缮匠人流传下来制造梁枋的口诀。旧时的老匠人，一般出自贫苦人家，没有钱去学校念书。苦于生存，父亲把儿子送去老师傅那里学艺，置办一些锛凿斧锯。在老艺人的教导下，必须学会这20个字。在组装木架的时候要事先在木料上标记，以防出错。

"铣三翘四撇半椽。"这是古建筑出檐处放翼角椽、翘飞椽的做法。

"嘴七挠八奔拉十。"这是制作斗拱的口诀。斗拱的昂嘴、出翘和椽子之间要遵守3：4：5的大致比例。

"筛七不筛八，筛八两个拉。"木匠在锯厚木板时，木板厚度超过八寸要两个人一起拉锯。

"前凿后根，越凿越深。"大木作修缮过程中凿榫眼的匠语。

"一斧三摇，容易拔凿。"大木作修缮过程中使用斧子的规矩。指斧子下去后前后摇动三次，可以较为顺利地把斧子拔出来。

"木匠不离三，瓦匠不离二。"这是在说柱径和榫卯的关系，一般情况下是三倍的关系。

清代故宫角科斗拱模型

吊装大木歌

清扫柱顶对仗杆，抬走大木对号搬。

吊装工作要备齐，细心检查要备齐。

先竖柱子后卡枋，仗杆对中不要慌。

前后插戗柁两旁，戗杆下脚抱柱板。

以防走闪出危险，大木装齐再竖立。

一人看线一人竖，直枋开线看柱子。

和泥压戗卡下脚，戗杆靠柱要打膘。

擅自解戗出问题，责任事故莫悔急。

　　这是故宫中的老匠人们在长期的修缮工作中总结出的口头歌谣，主要涵盖了吊装大木构架工作中需要注意的工作细节。大木构架在立架安装时，按照流程操作则不易出现闪失。主要涵盖了一人看柱子，一人吊线的操作流程。戗打好后需要暂时立住后和泥盖住，以便查看是否有闪失要防。同时，全部瓦作工作完成后才可拆卸前后迎门戗和左右罗门戗。既涉及了大木安装过程中应当注意的施工流程，又体现了安全施工的理念。

　　大木作修缮技艺作为一项长久流传的手工类文化遗产，有其自身严格标准的施工流程法则，也有着独特的传承形式和工艺特色。故宫博物院的文物建筑修缮工作在全国古建筑保护工作中具有示范性作用，其行业规范和行业术语在保证了文物建筑高质量修缮工作的同时，也有着自身的独特性，即完整的保护，强调施工安全。木匠群体的一些约定俗成的行规和匠人自身的性格特点至今仍然或多或少地影响着故宫博物院中大木作修缮技艺的匠人群体。正是这些行规术语和修缮匠人严谨作风的存在，让我们对于大木作修缮这一技艺有了更为立体与感性的认识。

02

紫禁城的建造师们及其源流

一、明皇宫的首席建造师蒯祥

我国宫殿建筑历史悠久，并形成独特的体系。建于明代永乐年间的紫禁城，位于北京市中心，现称故宫，是北京的标志性建筑群。作为明清两代的皇宫，故宫也是世界上现存规模最大、建筑最雄伟、保存最完整的古代宫殿和古建筑群，1987年，故宫被列入《世界遗产名录》，成为"明清时代中国文明无价的历史见证"。当游走在这座庞大的古代建筑群中，人们心中不免生出种种疑问：北京故宫当年究竟因何而建？是谁规划设计的？它又是如何建造起来的呢？

关于北京故宫的历史的相关文献记载颇多，但遗憾的是，对当年的设计和营造人员的介绍可谓寥若晨星。毕竟中国古代普遍"重道轻器"，工匠的社会地位较低，"匠不入史"是当时的时代特征之一。在营造紫禁城的数十万能工巧匠中，能有幸青史留名的屈指可数，至于设计者究竟是谁，更成了历史之谜。不过，从一幅明代的宫城图中，我们似乎可以窥见一二。在一幅现藏于中国国家博物馆的紫禁城承天门（今天安门）图画中，罕见地出现了一个人物的图像：承天门下，站着一位身着红袍的官员。历史学家考证，此画为当年承天门建成后工部献给万历皇帝的图画，画中人物名叫蒯祥，官拜工部侍郎之职，是香山帮营造家族的开山鼻祖。

蒯祥生于明洪武三十一年（1398年）卒于明成化十七年（1481年），苏州吴县香山（今胥口镇）人。蒯祥出身于香山的木作营造世家，其父亲蒯福和祖父蒯思明均为当地有名的木作匠人，洪武年间均一定程度上参与了南京皇宫建筑的营造工作。而蒯祥在家庭氛围的影响熏陶之下，自幼便对木作工作产生了兴趣并习得了诸多技术要领。明成祖朱棣继位后，计划将皇宫迁移至北京。关于迁都的原因主要有以下几点：其一，北京是其龙兴之地，根基之所在，这一点与朱元璋在南京建都有异曲同工之处。其二，明初蒙元残余势力是国家安全的大患，从朱元璋起便认为"北平建都，可以控制胡虏"。其三，南京是建文帝班底的根据地，朱棣想要摆脱这种对于自己极为不利的政治因素。迁都涉及了大规模的兴建工作，统治者自然而然地想到了当初营建南京皇城的主要参与者。然而，此时的蒯思明已经是花甲之年，担心自己力不从心无法担纲此项大任，便举荐自己的儿子蒯福挑起大梁。此时的蒯福年富力强技艺精湛，是担任此项工作的不二人选。于是，由蒯思明主持，蒯福领头，集天下能工巧匠于京师。紫禁城的营建工作就此开展。

就这样，蒯思明携儿子蒯福、孙子蒯祥一起来到了北京城。永乐十四年（1416年）八月，蒯福率领工匠开始了北京宫城的建设工程。四年后，紫禁城初步建成。蒯福因"能大营缮"受到嘉奖，被任命为工部营缮司营缮所所丞。年轻的蒯祥也因技艺出众被授予"营缮匠"。新皇宫落成不久即遭火灾。当时，国力衰弱，明成祖无力重建"三大殿"，北京皇城的大规模建造工程就此停摆。蒯思明告老还乡，蒯福、蒯祥父子则留在皇城，继续他们的工作。经过"仁宣之治"后，明朝国力得到加强，皇城的修建工作也紧锣密鼓地开展了起来：正统六年（1441年），英宗朱祁镇明确南京的陪都地位，改去北京各府、部、司、寺、院、局原官印中的"行在"二字，真正确立了北京的政权中心地位，政府各部门的衙门也须按礼制规定重新设计部署。于是，蒯福、蒯祥父子又主持了长达五年的五府六部及各文武诸司的建设工程。这时，蒯福已年过六旬，他的儿子蒯祥则正值壮年。所以，历代史学家都认为，这次工程是蒯祥负责设计营

造的。自此，北京城以一种新的姿态展示在人们面前。正统
十二年（1447年）闰四月，蒯祥以修城功升为工部主事，
蒯福正式退居二线。

蒯祥从小承袭祖业，随父学艺。由于父亲教导严格，加
上蒯祥从小聪明伶俐，心灵手巧，勤学好问，能举一反三，
善于钻研，技艺进步速度显著，不到成年就能独立"主大营
缮"，有"巧木匠"之称。他不仅精通木工，而且对石、
土、竹、油诸工种也掌握自如。在30多岁时，蒯祥已精于尺
度计算和榫卯技巧，制作的木构架用料经济，构造坚固。除
木作工作外，他还精于彩绘，传说能左右手同时绘龙，"合
而如一"。正统元年（1436年），英宗朱祁镇登基，令蒯
祥设计、施工重建"三大殿"和乾清宫，同时增建坤宁宫。
此时的蒯祥经过10多年在京师的建筑经历，技艺水平已经达
到了炉火纯青的程度。据史料记载，他"凡殿阁楼榭，以至
回廊曲宇，随手图之，无不中上意者。每修缮，持吃准度，
若不经意；既造成，不失毫厘"。经过四年的紧张施工，
至正统五年（1440年），"三殿""两宫"全部竣工。由
于蒯祥"指挥操作，悉中规制"，因此，"自正统以来，

凡百营造，祥无不与"。除了宫城，蒯祥参与设计营造的主要工程还包括景陵的地面建筑、五府六部和文武诸司衙署、南宫、西苑（今北海、中海、南海等殿宇）、裕陵和承天门等。

蒯祥不仅技艺精湛，而且善于创新。他发明了宫殿、厅堂建筑中的"金刚腿"和"活门槛"。他还擅长宫殿装饰，把具有苏南特色的苏式彩绘和陆墓御窑烧造的金砖运用到皇宫建设中。直到明宪宗时，年逾八旬的蒯祥仍执笔供奉，皇帝则以"蒯鲁班"来称呼他，足见对其的器重。成化十七年（1481年）三月三日，蒯祥在北京病逝，享年83岁。皇帝派人致哀，并给予了其当时最隆重、最高规格的入土仪式——赐葬。不久，蒯祥的灵柩被运回到家乡，葬在如今属于苏州吴中区胥口镇的渔帆村。其祖父、父亲皆被封为侍郎，二子亦得到荫封，蒯祥当年的居住处、营造业工匠聚集的那条巷子也被命名为"蒯侍郎胡同"。

紫禁城的营造无疑是一项浩繁的工程，纵使蒯祥等人的本领再超群、技艺再精湛，也不可能仅凭一人之力完成。事实上，在其身后，站着一个会集了众多能工巧匠的群体。史料表明，明代南京城和北京城的兴建，尤其是北京紫禁城、坛庙、陵寝等主要建筑的营造，多出自这个历史悠久、源远流长、影响深远的建筑帮系"香山帮"的匠人之手。

二、巧匠多出自香山

香山是苏州地区的一个地名，原称南宫乡，位于苏州古城西南的太湖之滨，相传是吴王的离宫——南宫所在。"香山帮"一词最早见于刻于清道光三十年（1850年）的石碑，碑文中称："水木匠业，香山帮为最。"这是目前所发现的最早使用"香山帮"这个明确称呼的文献资料。香山自古便出擅长复杂精细的中国传统建筑技术的建筑工匠。"香山帮" 指的是以香山地域为中心集结形成的水木匠人。他们以巧夺天工的营造技艺和建造文化传统为依托形成帮派，按地缘和血缘为基础形成工匠团体，因其包含的工种和技术繁多而享誉盛名。后人便以地域名称"香山"，作为他们帮派的名称。由于蒯祥技艺高超、成绩斐然、声名显赫，当年的"香山帮"匠人虽供奉鲁班像，骨子里却将蒯祥尊为"祖师爷"。其实，把蒯祥称为"香山帮"的"鼻祖"

并不准确，因为"香山帮"的历史要久远得多，甚至可以追溯到2500多年前的春秋战国时期。春秋战国时期，已经有了士、农、工、商的行业划分，各行业之间不能越界，并采用严格的户籍制度进行管理，以便国家征调。据文献记载，春秋时期，越王勾践为消耗吴国的人力、物力、财力，除送美人外，还派出大量的营造工匠前往吴国为吴王建造华美的宫殿。馆娃宫就是代表作之一。《考工记》中曾记载战国时期的工匠已经划分出不同的工种，包括木工、金工、皮革工等类，木工工种又分为七类，专门从事营造宫室、明堂、宗庙建筑的工匠被称为"匠人"。由此可见，最迟在战国时期就有了"匠人"的称呼。

魏晋南北朝时期，崇尚"清雅风骨""及时行乐"，士大夫大兴土木，建造华美的宫室和园林供人享乐，为匠人的技艺创新提供了有利条件。有文字记载的最早的私家园林是吴郡人顾辟疆所建设的辟疆园。当年，顾辟疆召集香山地区技艺高超的工匠造园，园中种植各类花草，精巧楼阁美不胜收。香山匠人的建造技艺和作品在当时已得到了人们的广泛认可和喜爱。到了隋代，开国名臣杨素建设新城，看中香山匠人高超的建造技艺和精细做工，征集苏州地区的大批工匠参与新城营造。在这些工匠中，有不少就是香山地区的木匠和泥水匠人，其中尤为著名的就是与"画圣"吴道子齐名的香山匠人、"塑圣"杨惠之。杨惠之将当时的山水画与人物画巧妙融合于雕塑之中，使其活灵活现。大家熟悉的千手观音的形象最早就是由他雕塑的。

北宋建都汴京，大量的建筑营造需求促使香山匠人纷纷奔赴都城，一展身手。宋代是"香山帮"获得大发展的重要时期。"华堂厦屋，有吴蜀之巧。""香山帮"匠人在建筑工艺上的精湛技艺与巧夺天工获得了世人认可。当时，苏州城内的玄妙观就是由香山匠人中被称为"范作头"的木工工匠带领其他工匠修建的。《营造法式》中便记载了香山匠人所创造的诸多建筑工程技艺。

到了明代，特别是成化年间，经济繁荣，商业发达，奢靡风行。苏州一带的文人墨客、巨贾富商竞修园林和楼台馆所，为"香山帮"技艺的成熟化和精雅化创造了条件。明代，蒯祥的出现和紫禁城的营造，标志着"香山帮"建筑技艺的鼎盛与辉煌。蒯祥由匠入仕，官拜工部侍郎，其子孙也继承其业。"今江南木工巧工皆出于香山。近七陵九庙等功成，工匠为卿者多矣。"在京城获得的巨大荣誉，胜如状元及第，香山人也为之欣喜若狂，引为骄傲，看到了其中的光辉前景。香山人开始重新审视工匠的地位，不再以从事"末业"为耻，反而纷纷加入工匠行列中来。从此以后，"香山帮"建筑工匠代代相传，出现了许多建筑世家，如清明村钟家、香山西庄徐家、小横山姚家、蒋墩村朱家等都以建造山水园林景观而著称。这些著名的建筑世家和建筑匠师带动了大批乡村劳动力投入建筑业，到清末，香山地区"民习土木工作者十之六七"，"香山帮"不断发展壮大，成为江南地区最大的建筑群体，并与"皇家派""岭南派"并驾齐驱，成为我国三大古典建筑流派的核心。

三、掌管清代紫禁城营缮的匠人世家

如果说"香山帮"的工匠们为明代皇宫的营建打下了基础，那么清代诸多皇家建筑的修缮营造则大部分依托于样式雷家族。"样式雷"是对清代200多年间，主持皇家建筑设计工作的雷氏家族的称谓，因雷氏家族前后七代人曾在清朝皇家建筑设计部门样式房内担任掌案职务而得名。

1930年6月，从北平西直门内东观音寺胡同里一处雷姓宅院里浩浩荡荡驶出了一个车队，车上满载37口箱子，径直地驶向了位于北海的北平图书馆。原来，这所宅院的主人正是名噪京城的样式雷后裔，而箱子里装着的是雷家世代主持清代皇家建筑设计的工程图纸和模型。在时任中国营造学社社长朱启钤的奔走呼吁下，这批珍若拱璧的图样避免了在各国列强入华大肆进行文化侵略的时代背景下，被洗劫一空的悲剧。"清代样式雷建筑档案"已被世界公认为全人类的智慧资源，列入联合国教科文组织颁布的《世界记忆名录》，成为其中规模最大、内容最丰富的古代建筑设计图像资源。有别于西方传统建筑学中使用的建筑图纸，样式雷烫样模型作为立体的建筑图样在设计参考过程中要显得更加立体、直观，实用性也更强。

曾经欧美国家有学者认为，中国古代没有所谓的建筑科学，一切都是工匠随意为之，样式雷烫样的出现便是对这一说法最为有力的回击。样式雷的成果颇丰，其设计做过的烫样模型包括皇宫、北海、中海、南海、圆明园、万春园、畅春园、颐和园、景山、天坛、清东陵、清西陵、摄政王府、太庙等皇家建筑。中国共有31项世界文化遗产，有约1/6样式雷做过烫样模型，可以说是无人能比。

　　在国际拍卖市场也零星能见到样式雷建筑图档现身。

样式雷烫样实例

2010年，样式雷制慈禧太后御船烫样在京拍卖，以67.2万元成交；2019年，5张样式雷图纸以近11万元成交；同年，福昌殿后照楼、惠陵、太陵等处样式雷图样5种，以9.2万元成交；2012年，样式雷制《团河行宫图》以7.13万元成交。样式雷建筑图档之所以如此珍贵，是因为它不仅包含烫样、画样，还包含工程做法、随工日记，它直观形象，能与遗存建筑实物相对应。样式雷图档更是驳斥了"中国古代建筑无建筑师"的谬论，使中国建筑史研究真正实现了"见物见人"。

03

从紫禁城到故宫博物院

1911年，辛亥革命成功，清朝末代皇帝溥仪退位，紫禁城的命运就此改写。根据辛亥革命产生的《清室优待条件》一文，紫禁城被划分为两部分：以末代皇帝溥仪为首的清逊帝皇室暂居紫禁城内廷，也就是保和殿之后，乾清门广场以北的部分；保和殿以南的外朝部分，由北洋政府筹办了古物陈列所。从此以后，紫禁城前后两个部分分别由古物陈列所和清逊帝皇室分别管理和使用。

1924年10月冯玉祥迫使贿选上台的总统曹锟下台，成立了中华民国临时执政府。根据临时执政府的决定，暂居紫禁城内廷的溥仪及其眷属，被仓促地逐出了紫禁城。当年11月临时执政府发布命令，组织清室善后委员会，并公布了《清室善后委员会组织条例》，12月在清室善后委员会领导下，成立了图书、博物馆筹备委员会。1925年9月，清室善后委员会根据图书、博物馆筹备会完成的筹备工作事项，决定以溥仪居住过的紫禁城内廷为院址，成立故宫博物院，并于10月10日举行了故宫博物院成立典礼，正式宣告了故宫博物院的诞生。从此，在紫禁城内形成了两个博物馆并存的局面。

紫禁城内两馆并存时期，均未设立古建筑保护与维修的专门机构，修缮工作都是临时外包。当时，紫禁城内的古建筑，除溥仪及其眷属居住使用过的养心殿、储秀宫、长春宫等部分宫殿尚不十分破旧外，其他宫殿建筑，有不少都已年久失修，破损不堪，甚至一些单体建筑发生了倒塌现象。根据开放参观与开辟陈列室的需要，开放地区的主要建筑虽然有所修缮，但非开放地区的宫殿建筑则根本无力顾及修缮保养。1929年以后，易培基担任故宫博物院院长期间，曾利用有关方面的捐款，有重点地陆续修缮了一批年久失修与急需维修的宫殿建筑，但仍未能解决整个紫禁城的保护与维修问题。

故宫博物院建院之初，为了不受制于北洋政府的管控，管理者并未向政府部门索要资金，而是尽量自己筹措，经济一度十分拮据。宫殿修葺也只能在有限的范围内展开。到易培基接管故宫博物院时，除参观路线上的主要宫殿外，多数宫殿无论是建筑主体还是彩画油饰，都已破败得不成样子，亟待尽快抢救修护。而此时的故宫博物院较以前要自主自立一些，门票以及处理变卖与文物无关物品的收入使经济得到了一定的改善。此外就是中外各界人士的捐款。随着故宫的开放，参观的各国政要日增，其中不乏一些热爱中国文化艺术的友好人士，面对故宫古建筑年久失修的尴尬状况，纷纷解囊相助。

至于北伐战争之后的故宫修缮工程，当时的故宫古建筑原本营造之时是非常牢固的，而因年久失修一些建筑已经呈现了破败之势。故宫博物院计划将内东路各个大殿开辟成专门的古物陈列所，便开展了较大规模的修缮工作。此外，内西路的咸福宫经过修缮也成为乾隆御赏物的陈列所。此外，故宫博物院还将景山上的五个亭子进行了修缮。

1937年7月7日，卢沟桥事变爆发，日本帝国主义全面侵华，北平沦陷，成立了伪政权。伪政权曾几次希望调派亲日人士接管故宫博物院，但遭到了博物院方面的拒绝。在此期间，故宫大高玄殿被日方接管改造为军医院病房。

在"卢沟桥事变"后，故宫博物院经费支绌，门票收入微薄，而国民政府的财政拨款中断，各项预定的较大工程无法进行，只好对各处坍塌毁坏严重处进行了小规模修缮。从1937年至1945年，故宫利用自身资金和伪政府组织的拨款共修缮了包括故宫本院、太庙、景山、古物陈列所、历史博物馆、御史衙门、皇史宬、帘子库、大高玄殿等在内的53处工程，其中利用伪组织"文整费"项下的拨款工程有16处，且多为耗费较大项目，故宫出资维修的虽有37项，但因经费困难，维修的多是小项目。虽然修缮较少，但在当时恶劣环境下已实属不易，对于维持故宫及相关单位的古建筑的完整还是有益的。抗日战争胜利后，南京国民政府行政院做出决定，将古物陈列所并入故宫博物院，并于1948年3月完成合并工作，但因为当时国内的政治军事形式与经费问题，对故宫古建筑的保护工作仍是有心无力。

故宫博物院自建院起到1949年的24年间，一直没有成立自己专属的修缮队伍，只是在总务处第四科的领导之下备有几名瓦工、木工的技术工人，担负一些零星的修缮工作。当时北京社会上较为有名的营造厂主要有聚兴永营造厂、天顺营造厂等。

笔者在撰写这一时段的修缮历史的时候曾联系了在故宫博物院中工作的朋友，希望可以为本书提供一些民国时期的修缮档案资料。联系到了以后，朋友和我解释道，根本没有留存下民国时期故宫古建筑完整翔实的修缮记录，那个时候兵荒马乱、局势动荡，能保住故宫已经很不错了。仅有的一些修缮工作都是外聘的师傅，做完活儿就走，怎么修、修得如何，当时没有建档，所以根本找不出来。后来，有些营造厂倒闭了，师傅也早不知去向。这些事情也反映出了民国时期故宫修缮工作的管理混乱与力量微薄。

1948年，故宫博物院和古物所实现了机构合并，合并后仍称"故宫博物院"。北平解放后，开始对故宫的宫廷建筑的保护工作进行细致的讨论与论证。1949年4月，中国人民解放军专门为故宫发来119号通知，指示故宫古建筑的保护工作受到了党和政府有关部门的重视，并对其做出了较为全面且合理的安排，故宫要尽快开展院内古建筑修缮工作，并拨了专款。由于修缮任务较重，加之此前故宫并无固定的资金收入来源，故宫博物院重新向社会公众开放，将门票售卖所得收入全部用于古建筑修缮。1949年5月12日，庆寿堂修缮工作开工，北京天顺营造厂以8.05万元（旧币）的价格承包了该工程。这是人民政府接管故宫后的第一个文物建筑修缮工程。

1949年5月12日，庆寿堂修缮工程作为人民政府接管后的第一个修缮工程正式开始。因为当时故宫在编的老技师和修缮工人仅几十人，施工工具也仅有为数不多的小型机械设备，加之任务繁重，所以选择了外包工程。1950年6月，故宫博物院组织机构调整，总务处改称办公处。在办公处领导下成立了工程组，自此故宫首次有了专门负责古建筑维修与施工管理的工作机构。由于此时修缮队伍人员规模较小，只能承接一些较为零散细小的古建筑修缮工作，尚不具备条件开展大型修缮工程。

1950年，中央人民政府政务院接连颁布了《保护古迹、文物办法》《关于保护文物建筑的指示》，为古建筑维护工作提出了政策上的指导。1960年，国务院通过了《文物保护管理暂行条例》，批准故宫博物院成为第一批全国重点文物保护单位之一。

1952年4月，工程组的在编人员和技术人员均有所变动，从这一年开始，故宫内的古建筑修缮工程全部由修缮工程队来完成。由于既有古建筑修缮工作，又有倾倒渣土工作，这一时期雇用的临时工数量一度达到了300人之多。自此至1996年之前，故宫的修缮工作进入了比较稳定的状态。

1958年下半年开始，为了响应中华人民共和国成立十周年对北京中轴线古建筑复原性修复工程的号召，国家拨付160万元资金，以"着重保养、重点修缮、全面规划、逐步实施"为方针，开始进行故宫200年来最大规模的一次修缮工程。1962年，重点进行了中轴线上以及其他一些主要宫殿建筑的地面修复。1963年起，国家拨给故宫进行古建筑修缮的经费逐渐增加，工程队每年完成的独立修缮项目超过10项，这种连续高强度的修缮工作一直持续到了1966年。同年，午门修缮加固工程完工。

04

古建工程队建立，第一代大木匠人形成

在中华人民共和国成立初期，故宫博物院的人员团队建设处在百废待兴的状态，院内行政组织的人员尚且需要从国内相关的文化部门调任，具备专业知识和工作经验的古建筑修缮人员则更是凤毛麟角。此前，为了保障古建筑的日常修缮养护工作，故宫博物院整合了民国时期便留在故宫中担任古建筑修缮工作的数名老工匠，并从社会上的营造厂中招募了一些愿意进入故宫从事修缮工作的人员，形成了故宫中最为原始的古建筑修缮队伍。这其中，有十名民国时期任职于故宫并且在中华人民共和国成立初期主持了诸多修缮工程、资历最老的老匠人，被尊称为"故宫十老"，他们分别是杜伯堂、马进考、侯宽、穆文华、周凤山、张国安、何连清、张文奎、刘清宪、刘荣章。由于北京城内的古建筑相对较多，民间修缮技术力量也较为雄厚，因此院领导又在社会上招收了一些临时工，由本院的老师傅指导修缮工作。这样既可以加快修缮速度，又可以节约一部分经费。

　　中华人民共和国成立初期，故宫博物院尚未完成古建修缮队伍的建设工作，负责大木作修缮的基本都是一些社会上的散招匠人，他们有些是来自私人营造厂的员工，有些只是社会上闲散的手艺人。故宫博物院向社会公开招聘包括大木作在内的古建筑修缮人员。来应聘的人员经过初步把关筛选后进入故宫。之后，留下来的人在老匠人的指导之下进行修缮工作，工资日结，每人上午上工之前抽取一个竹签带在身上，日落下工后将竹签交还故宫内的负责人，验工后结算当天的工钱（一元钱）。当时敢来故宫里做活儿的，大部分也都是对自己手艺有信心的人，但也有少数手艺不太行的。如果遇到这种手艺不太行的，修缮部的负责人一般就会把人单独叫过来说："人手招多了，明天您先不用来啦。"情商更高一点儿的，就会面儿上统一和师傅们说："活结完了，今天散了，大家辛苦了。"等到那些手艺不太行的人走得差不多了再悄悄地把那些想留住的人单独找来，和他们联系下一次做活的时间。这样既不伤人，又留住了手艺好的师傅们。不少师傅对手艺还是有自知之明的，自觉手艺不好的人会把家伙什儿一撂当天就走了，连工钱都不要。这种零散招工的模式在故宫里一直持续了三年之久。

虽然这种方式的修缮制度可以在短期内应对规模较小的修缮工作，但绝不是长久之计。当时中国人民解放军北平市军事管制委员会文化接管委员会的领导，对于回归人民手中的紫禁城十分重视，早在接管初期就建立起了古建工程小组，亲自来到故宫博物院调查建筑维修事项，协助制订紫禁城修缮计划，指导古建筑维修工作，充实修缮技术人员编制，着手解决古建筑维修工程设计与测绘技术力量不足的问题。同时还做出决定，故宫博物院自1949年2月7日恢复开放后参观的门票收入不必上缴，全部用于古建修缮工作。

1949年6月华北人民政府高等教育委员会（以下简称"高教会"）成立后，故宫博物院归属高教会文物部领导。当年10月高教会发出通知指示，"故宫的保养修缮工程，必须有重点有计划进行"。同时决定，由北京文物整理委员会和故宫博物院的工程技术人员重新组建工程小组，负责紫禁城保养修缮工程设计与施工管理等项工作，并指定文物整理委员会的李方岚担任小组领导工作。由于有了工程小组的领导，充实了古建筑测绘设计与施工管理等方面的技术力量，解决了古建筑维修经费，这一年先后完成大小工程项目21项。

1950年6月，故宫博物院组织机构调整，总务处改称办公处，在办公处领导下成立了工程组。这是故宫博物院建院以来，首次有了专门负责古建维修与施工管理的工作机构，在工程组的领导下，又增加了少数在编的瓦工、木工与壮工，扩大了零星修缮工人队伍。这个时期的工程组已经具有一定的古建筑维修设计与施工管理能力，但由于人力有限和零星修缮工人队伍规模较小，靠自己的力量，只能承担一些配合开放陈列和应急性的小型工程与零星修缮工程，许多急需上马的大型工程，还要靠招标方法，雇用营造厂商来院承包施工。据1952年底的统计，1951年至1952年，先后有天顺、普利、宝恒、德源等几个营造厂商中标到院承做过坍塌房屋拆除清理、古建筑维修保养以及局部修缮等大、中型工程项目数十个。与此同时，院工程组依靠自己的力量，进行施工的项目日渐增多，规模也日渐加大。这个时期，配合古建筑修缮工程的施工、庭园环境的清理与整顿工作，也取得了初步成效。

这个阶段的古建筑修缮工程规模不大，大型的工程项目不多，但与中华人民共和国成立前的情况相比，已有很大发展，而且由于自己组织了一部分施工力量，完成了一些工程项目，既锻炼了在编的技术人员，又组建了一支包括瓦、木、油画等技术力量的临时工队伍，为进一步健全组织机构，建立故宫自己的专属修缮队伍奠定了坚实的基础。

1952年开始，社会上的私营厂商逐渐开始转向了国营或公私合营的体制，大批原私人营造厂的修缮工人，自然而然地转向故宫古建修缮部门，博物院内的自营修缮项目开始增加。这一年开始，故宫内的古建修缮工程全部由故宫修缮工程队来完成，雇用的临时工数量一度达到了300人之多。1953年，故宫博物院在本院正式聘用了一批有技术的工匠，又从北京各大营造厂招收了一批老工匠，这些工匠中不少人祖上曾在故宫做过工，自此建立起了中华人民共和国成立后故宫博物院第一批修缮手艺人队伍。得益于专业团队的组建以及国家的大力支持，这一时期修缮工作的质量和数量均较此前有了较大的提升。

1952年4月，故宫将只有少数人的工程小组，扩充为工程队，成立了古建工程科。院领导为工程科调配了一些退伍军人，充实了工程科的人才技术队伍。

1953年以后，根据上级批准的"全面规划，逐步实施"的古建筑保护维修方针和院里制订的保护维修古建筑的近期和长远规划，这支以合同工、临时工为主的古建筑修缮技术工人的队伍，又面临着大规模古建筑修缮任务的锻炼与考验。为从组织上保证古建筑修缮任务的实现，院领导建立了修建处，选派得力的领导干部，负责领导院里的古建筑修缮施工队伍，按照院里拟订的古建筑修缮计划与规划，从1954年后院内又开始进入大兴古建筑修缮阶段。

为保证完成古建筑修缮的施工任务，修建处领导在组建古建筑修缮施工技术工人队伍方面，采取了一些有力的措施。

第一，抓住时机，广纳人才，根据院里大兴古建筑修缮的有利时机，将各工种的能工巧匠，技艺高手，吸引到故宫博物院古建筑修缮队伍中来，这是当时采取的第一项措施。故宫内规模宏伟的古建筑和1949年以后不断开展的修缮工程，对古建筑施工各技术工种的技术人才很有吸引力。由于院领导十分重视施工队伍的建设，修建处领导抓住时机，认真对待社会上的能工巧匠，注意积极发现，诚聘重用，使院古建筑修缮施工队伍真正成为各工种技艺高手的集中地，成为瓦、木、油、画、石、架几个主要工种齐全的施工队伍，在完成院内各项古建筑修缮任务中发挥了重大作用。年久失修的故宫西北角楼的复原修缮工程，是中华人民共和国成立后在古建筑维修方面一项规模最大、需用工种最全、施工难度最高，且影响最大的重点施工项目。古建筑修缮施工队承担施工任务后，在院领导的重视下，坚持发挥专家特长和瓦、木、油、画、石、架等主要工种能匠高手的作用。这些同志在修缮工程上，发挥技艺，竭尽全力，共同完成了西北角楼的修缮任务。

第二，传授技艺，培养新人。经过上一个阶段的过渡与准备，到1953年初步建立起来的古建筑修缮技术工人队伍，既有能工巧匠、技艺高手，又有大批青壮年工人。要使古建筑维修传统技艺得到很好的传承与弘扬，使故宫博物院古建修缮施工队伍不断发展壮大，后继有人，必须组织各工种的能工巧匠、技艺高手传授技艺，培养新人。每个工种都选择几个或十几个精明能干的青年工人拜师学艺，老师傅有时在施工实践中集体讲授，面对面地教办法传技艺，有时单个教练，个别指导。在名师的悉心栽培下，这一批新苗迅速成长起来，成为传承本行业技艺的行家里手。

第三，改进工具，提高效率。作为重点文物保护单位内专门修缮古建筑的施工队伍，故宫博物院古建修缮施工队伍在组织修缮施工时，必须强调坚持使用传统工艺技术，因为这是保证工程质量，贯彻执行维修古建筑的方针，防止传统工艺技术走样与失传的一项重要措施。但是，随着时代的变迁和科技进步与发展，在牢牢掌握传统工艺技术的前提下，注意研究新事物，利用新的操作方式与方法，改进劳动生产工具，提高劳动效率也是必要的。最早提倡改进生产工具并积极创造条件身体力行的，就是时任修建处处长郭书元，他主持制订的改进计划的第一步，是以机械化作业代替笨重体力劳动，改善工人的劳动条件，提高劳动生产效率。为实施这一计划，他多方走访调查，带领有关人员去各处参观，并根据具体情况，购置机械设备，在紫禁城内金水河西岸地区，建立了电锯厂，解决了古建修缮需用的板材、枋子等大木料的生产制作问题，既提高了生产效率，又免除了人工拉锯的笨重体力劳动。第二步是在施工材料现场输送方面，以车子化作业，代替肩挑人抬，减轻工人的体力劳动强度。当年往施工现场运送建筑材料要用担挑或人抬，向高空输运砖瓦灰泥，要靠人力用手向上提拉，劳动强度之高可想而知。为减轻和解决工人的劳动强度问题，领导提出，在工地运输材料使用手推车，普遍实行运输车子化的具体措施后，工人群众无不积极拥护，经组织专人加工，很快成批地制作出形式不一、宽窄不同，防漏撒、便操作，既能往返穿梭于工地，又能爬马道登高运输的手推车，并以此取代了肩担手提的繁重体力劳动。当然，这些改进只是在减轻劳动强度和工具更新上的进步，若和现在使用的汽车、翻斗车运输和机械吊车向高空运输相比，还是属于落后的，但在当时这项改进是有进步意义的。

以上几种措施，是在古建修缮工程的实践中进行的。通过这些措施的贯彻执行，既完成了大量古建修缮工程任务，也培养锻炼了施工队伍；既大大增强了修缮队伍的施工能力，也进一步扩大和建设了施工队伍。随着古建筑保护维修事业的发展，这支施工队伍中除瓦、木、油、画、石、架等体现古建筑修缮传统技艺的技术工种外，又先后增加了电锯工、水暖工、电工、司机和机修工等工种。这些新工种同原有技术工种的结合配套，既体现了施工队伍机械化施工程度的提高，又标志着这支施工队伍综合实力的增强。

1954年年初，为适应改变管理体制的需要，经上级批准，将修建处改组为古建工程队（简称"工程队"），并参照建筑企业的管理方法，独立核算，实行企业管理。从这时起，故宫博物院的工程队才正式定型。当年6月，文化部工程队合并过来以后，这支施工队伍的实力又进一步加强，并一度改为工程一队和工程二队，仅在编的管理人员与技术工人就将近200人，再加上临时工与合同工的人数，总共300多人。据1957年底的统计，这支施工队伍自1954年至1957年的几年间，先后完成的施工项目遍及故宫的各个角落。

故宫博物院古建筑修缮技术工人队伍，在走向高峰之后，于1958年后又进入曲折发展的历史阶段。1958年初，在全院的精简机构压缩人员编制的工作中，工程队的人员编制有了较大变化，在编的管理人员和各类技术工人由200多人，减少到100余人，临时工与合同工几乎全部减掉，并撤掉了工程二队。减下来的正式职工中，除年老退休者以外，大部分调到地方工矿企业单位工作。工程队的实力有所削弱。但时隔不久，当年年底，根据古建修缮工程施工的需要，又将被大量减掉的临时工与合同工招回来工作，工程队的人员总数又开始逐步增加，工程队的实力也得以恢复。

1959年初，根据院里确定的庆祝中华人民共和国成立10周年的古建修缮工程任务，需要大量施工人员，为使刚刚招回来的临时工与合同工不会因外界的影响而流失，经院决定并报上级有关部门批准，将临时工与合同工中的一部分青壮年技术工人和农村来的青年壮工，共计200余人转为正式在编工人。工程队的在编职工总数又一次增加到300多人。由于这次被批准转为正式在编的青壮年技术工人，均是20世纪50年代中期大兴古建筑修缮阶段培养起来的技术力量，以这批人员为骨干，再加上新招收的农村青年劳力，工程队的实力仍不减当年。依靠这支施工力量，保证了以故宫中轴线修缮为主的国庆工程任务得以按时竣工。

1960年下半年开始的第二次精减职工的工作中，工程队的职工人数又减少了50%。减少下来的人员中，一部分管理人员和技术工人调到北京市文化局，组建了文化局工程队；一部分农村来的青年壮工，回农村原籍参加农业生产。

工程队保留下来的150多人，均为瓦、木、油、画、石、架等主要技术工种的骨干和司机、电锯工、机修工等技术工人，至于临时工中因年岁大未能转为正式工的老技术工人，除以顾问名义留下10人继续从事传、帮、带工作外，其余则全部减掉。这以后的两三年内，由于国家经济困难，压缩了古建修缮经费，院内古建筑修缮工程也有所减少，并多是古建筑维修保养工程。保留下来的施工技术力量，在完成这些工程项目中发挥了重要作用。留下来做顾问的老木工带领青壮年木工在工作室内用楠木制作故宫角楼4∶1模型两套，此模型可逐件拆卸和组装，具有很高的保存与研究价值，当时即由国家建委和本院分别收藏。老画工则带领青壮年画工在工作室制作故宫古建筑彩画小样，并由文物修复厂一幅幅装裱成画页，合起来则是成套的专集。这些作品不仅画幅数量多，且以故宫主要建筑上的实有画样为依据严格保持传统样式，和角楼模型一起被视作故宫的珍宝。

1964年以后，国家经济状况有所好转，古建修缮的工程项目稍有增加。

到1966年故宫博物院闭院前，负责大木作修缮的匠人大致可分为两类，一类是故宫中原有的老匠人和京城内营造厂中招聘来的大木作修缮工匠，另一类是从社会上零散招募的临时工。这二者共同构成了故宫大木作修缮技艺的第一代传承人群体，完成了中华人民共和国成立初期以及第一个修缮高峰时期的诸多修缮工作。其中稳定就职并将技艺的精髓流传下去的当属专职修缮的老匠人。这一时期负责大木作工作的"顶梁柱"匠人是侯宽师傅。他是北京人，也是以前北京城内赫赫有名的建筑行业老字号天兴营造厂的木工师傅，在中华人民共和国成立以前便从事古建装修和修缮工作，尤其擅长梁架的修缮与榫卯拼接。中华人民共和国成立初期，故宫博物院面向社会散招包括大木作修缮在内的古建修缮技术工匠，侯宽师傅得以应招进入故宫。后来因为手艺精湛，做事认真，他被故宫博物院聘用为正式工人，先后参与了故宫角楼、雁翅楼等文物建筑的修缮工作，指导了第二代修缮匠人学习木工技艺。后于1968年因身体原因退休。

这一时期故宫博物院的古建修缮工程队正式建立，挑起修缮大任的匠人们具备多年的修缮经验，也具备旧时手艺人的思维模式与工作方法，在修缮过程中完全遵循传统修缮流

程并使用传统修缮工具，以口传心授的方式向后辈传授修缮

技艺，培养起了大木作修缮技艺传承的第二代匠人。

05

故宫大木作修缮的第一个高峰时期

一、零修碎整的开始

由于民国时期连年的战乱及经费紧张导致文物建筑的大木作修缮工作长期搁置，中国人民解放军北平市军事管制委员会文化接管委员会接手故宫博物院之时，古建筑发生倒塌、糟朽的现象比比皆是，而且故宫博物院内杂草丛生，垃圾成山，甚至被当时的北平百姓戏称为"垃圾院子"。据称，当时清扫出的渣土和生活垃圾就达百余吨之多。因此，这一时期文物建筑修缮的大部分工作都是对古建筑进行零碎的整修，防止其进一步糟朽恶化。同时着手建立古建修缮档案，以备日后查考之用。

这一时期大木作修缮工作主要的指导理论是梁思成关于古建筑养护工作中"零修碎整"的相关理论，这一理论至今也有所沿用。同时故宫博物院也制定了"着重保养、重点维修、全面规划、逐步实施"的十六字古建筑保护方针。在文物安保方面，贯彻落实"以预防为主，以防火为重点"的保护方针，对残存文物建筑的保护工作以维系为主，同时预防火灾、雷击等自然灾害给古建筑带来的损伤。国家也在此时出台了《文物保护管理暂行条例》《关于保护文物建筑的指示》等文物建筑修缮相关的指导性文件。中华人民共和国成立初期故宫内的古建筑因年久失修而导致的古建筑残损情况较为普遍，前期的修缮工作以修补古建筑的残损为主要目标。"不塌不漏"是当时修缮工作的保护原则。这也一定程度上反映出了当时国家尚不宽裕的经济状况以及较为空白的修缮经验。

古建木作修缮的目的是为了尽可能地保持其原有样貌，同时尽可能地为其"延年益寿"。因此，为古建筑的木作结构建立起古建档案，以文字和图像的形式分类记录其原有面貌便是一项意义非凡的工作。故宫古建的档案制作工作始于1961年，当时的记录要求为：以图像和文字的形式全面记录下古建筑的尺寸和格局，力求为日后的复原及修缮工作提供翔实的依据。同时，通过查阅古籍的方法收集文献资料，将古建筑的历史沿革尽可能详细地编排出来，形成完整统一的文物档案。这一工作开创性地将传统文物建筑修复与档案工作结合到了一起，对日后大木作修缮工作起到了难以替代的凭证性作用。

总的来说，1949年至1956年可以看作是故宫博物院修缮工作的准备与起步阶段，这一时期的指导理论较为原始，受限于国内文保事业较为薄弱的实力，木作修缮工作仅仅是少量的零碎修整与环境整治，几乎没有涉及落架大修的项目，加装避雷针已经算是那一时期较大的修缮工程了。新材料的使用及借鉴外国技术经验的案例很少，一般只涉及防灾减灾方面的应用与实践。修缮匠人则是由少数传统手艺人加上大批转业军人及散招的临时工所组成，队伍建设尚处起步阶段。修缮理论上则是以不改变文物原貌及不塌不漏作为首要指导原则。到了1956年，故宫古建修缮组正式成立，在编修缮人员一度达到了300人之多。同时，受国家重点修缮中轴线重要古建筑政策的影响，故宫出台了《五年修缮规划大纲》，故宫古建筑正式进入了第一个修缮高峰期，除零散的修整外，大型修缮项目达10余件，规模为中华人民共和国成立以来最大。同时开始尝试在大修工程中使用新式修缮手法，而非拘泥于死板地保持文物原状。

自1956年至1966年可以算作是故宫古建筑大木作修缮工作的第一个修缮高峰期，这一时期完成的大型单体建筑修缮工程主要有畅音阁修缮工程、慈宁宫保养工程、神武门西连房修缮工程、慈宁宫内连房修缮工程、宝相楼修缮工程、端门修缮工程、午门东雁翅楼修缮工程、临溪亭修缮工程、角楼修缮工程、故宫16处单体建筑加装避雷针工程等。

但是，也应当认识到，当时人们对于古建筑大木作的保护与修缮工作存在着较多不合理与武断之处。比如，中华人民共和国成立初期，因院内清理杂物及消防工作的需要将一些小型单体古建筑从整体木架结构层面上进行了落架拆除。中华人民共和国成立之前故宫博物院内西河沿一带原存有大库房古建筑100多间，小式建筑则有80间，年久失修，大木结构已糟朽腐烂。新中国成立初期故宫博物院亦没有足够实力进行复原修缮，便将梁架及内檐装修一并清除。 1951年1月为满足消防工作的需要而着手进行院内特殊消防道路的开辟，从而拆除了新左、右门及东筒子一带的小房。1952年7月，皮库、内务府上驷院3处房屋300多间倒塌严重，认为无力修缮且文物价值一般，向文物局请示予以拆除。经由时任文物局局长郑振铎来院察看，对提请拆除的古建筑做出拍照及存档的指示后同意进行拆除。1954年，内务府原先保留的10多间房也被拆除。

二、角楼的故事和首次尝试的新方法

中华人民共和国成立初期，故宫博物院的古建修缮工作尚处起步阶段，故宫博物院文物建筑修缮工作的重点主要还是开展文物建筑清查和勘探统计工作，清除故宫院内残存的生活垃圾和废料，培养修缮人才队伍，初步制订修缮计划。该时期做得最多的工作是屋顶的保养工程，也就是做到使屋顶不塌不漏。当时，挑顶翻修已经是较大的工程，这种修缮方式保留了这些古建大量历史原貌和应当保留的一切历史信息。这一阶段的大木作修缮技法基本上完全参照传统木作中对主体结构的零碎修补的方法，例如填补糟朽木料、重新钉装破损的椽子等。材料和工具也是基本遵照传统方法，鲜有创新与改变之处。尽管如此，当时的故宫博物院依然根据修缮工程的实际需要在修缮手法上进行了一定程度的创新，其中以西北角楼的风雨棚搭建工作和畅音阁的梁架夹板支撑最具有代表性。

角楼是中国古建筑中结构较为复杂的一类，也是故宫的标志性建筑。对于角楼的修缮工程可以追溯到20世纪30年代。1931年，朱启钤发起角楼修缮工程，他创立的中国营造学社对角楼和其他几栋故宫古建筑进行了测绘，并留下了图纸。这是中国人第一次以现代建筑科学的标准对故宫建筑进行的全面测绘，现代建筑知识开始与传统营造技艺走到一起。1956年春季，故宫西北角楼修缮工程启动，这是自中华人民共和国成立以来规模最大、难度最高、影响最大的古建筑修缮工程，也是故宫启动的第一项大型古建筑修缮工程，同时也标志着故宫古建修缮工作进入了第一个高峰时期。

关于角楼的由来，还有着这样一段坊间传闻。相传当年朱棣让蔡信建造紫禁城的时候，并没有考虑到要建角楼。但朱棣总觉得，城墙上光秃秃的似乎缺少点儿什么。可能是日有所思，夜有所梦，那天晚上朱棣做了一个梦，梦见自己来到了一座宫殿。宫殿城墙的4个角上伫立着高耸且华丽的角楼，金光闪闪的十分气派。朱棣被这四个美丽的角楼吸引了，他心想："如果我的皇宫中有这么气派的角楼该有多好呀！"朱棣随后命一个太监爬上角楼去数有多少梁、多少脊。太监数完之后回报："九梁十八柱，七十二条脊。""你可数仔细了？""回禀皇上，奴才方才数了三遍，不会有错的。""我倒要亲自数一数。"朱棣挽起袖子想要爬上角楼数一下，谁料脚下踩空摔了一跤，猛然惊醒了，原来这是一场梦。梦虽然醒了，但是那金碧辉煌、气势十足的角楼却深深印在了皇帝的脑中。

第二天一早，朱棣召集了工部大臣，要求在紫禁城修建四座角楼，要求必须有九梁十八柱，七十二条脊，样子要和他梦里见过的一模一样。

工部大臣这可犯了难：谁知道万岁爷梦里的角楼到底是什么样子的呀！但皇上的旨意不得违抗，工部大臣随后召集了八家负责皇室建筑营造工作的木工厂掌柜，把皇帝的要求告诉了他们，要求建造出九梁十八柱七十二条脊的角楼来。造好了有赏，造不好要治罪。

这八家营造厂的掌柜听说之后非常高兴，认为自己接了皇上的工，可以发大财了。第一家掌柜认为，皇帝又不记得这角楼到底长什么样子，只要我修得足够华丽，用料足够讲究，那就没有问题了。于是他不断地投入资金，用最好的料、最细的工去修角楼，3个月之后顺利交工。朱棣看了却摇了摇头：这和他梦里看见的角楼相差太远了。随后就把这个自作聪明的掌柜杀了。第二个掌柜接下了任务，他认为前一个掌柜失败的原因是只注重材料而忽视了技艺，于是他便请来了最好的木工师傅，在细节的精细程度上比上一个掌柜提高了好几倍。但是交工之后，皇帝依旧不满，这还不是他梦里见到的角楼。于是，第二位掌柜的脑袋也搬了家。就这样，一连七位掌柜都丢了自己的性命。

到了第八位掌柜的时候，他早就被吓丢了魂儿。他心想自己的脑袋八成也是保不住了，于是整天愁眉苦脸，茶不思饭不想，寝食难安。工程虽然也在进行，但也是人浮于事，草草应对。整个木匠班子也死气沉沉，加上天气酷热，大家也都无心做工，中午都放下了手头的工作找地方睡觉休息。

正在大家都一筹莫展的时候，木匠班子里的一位小徒弟打破了僵局。这天他中午睡不着，突然听见门口有蝈蝈叫。出去一看才发现，是一个老头儿挑着担子在卖蝈蝈儿。小徒弟心想："天气酷热，大家的心情也不好。我何不买几只蝈蝈回去给大伙解解闷儿？"在挑蝈蝈的时候，一个精巧的蝈蝈笼子引起了他的注意。这笼子十分精巧，结构严密，端庄又不失大气，放在众多蝈蝈笼子里十分显眼。他便问老头这笼子怎么卖。老头说这是样子，不卖。如果喜欢的话，可以送他一个。就这样，小徒弟拿了蝈蝈笼子回到了店里。店里的一位老木匠看着笼子出了神，道："好一个漂亮的蝈蝈笼子，就像个建筑一样！"其他几位木匠也凑上来观察。"的确。而且这笼子，不正好是九梁十八柱七十二条脊，和万岁爷要求的一样吗！"大伙儿喜出望外，按照蝈蝈笼子的样式修建角楼。工程完工后，朱棣很是满意，因为这基本上就是他梦里看到的角楼的样子，于是重重奖赏了这家营造厂。大伙儿都说是小徒弟救了他们，但他却说是祖师爷鲁班出手相救。因为他清楚地看到卖蝈蝈的老头后背背着个做木工专用的木头箱子，上头写了个"鲁"字，除了祖师爷，谁也想不出这么绝的主意。

说回到中华人民共和国成立初期的那次木工修缮。由于施工赶上了冬季，为防止人员和材料受到风雪的侵袭，施工过程中采用了搭席棚的方法，将整个建筑做了外罩处理，一时间引起了社会的广泛关注与猜测。主持这项工作的是有着"故宫古建研究第一人"之称的单士元。他后来在日记中曾提道："这样的工程可以说是自明代嘉靖年以来，400年未有过的工程。"西北角楼距离上一次修理已经过去了20多年，其间由于漏雨和管理不当，梁架结构糟朽受损的情况十分严重。其中包括长9米，横截面为长70厘米、宽50厘米的井口梁趴梁在内的大部分梁架结构均发生内部的糟朽，已难以维系其原本承重受力的结构作用。经方案论证后修缮组决定遵照明代的修缮方法，将原有的梁架手动拆下后进行标记，摆放到特定位置。再按照被拆卸下的部件的原有形制用原材料等比例制作。因可用于梁架制作的完整的金丝楠木在市内已无法购得，故宫博物院特向南方对口单位紧急订购。按原形制制作完毕后，再经传统工具、人力安装复原。

古建小组开创性采用的外搭风雨棚，即在角楼外部搭上可拆卸的木制脚手架以及布制风雨罩棚，这在故宫大木作修缮史上属首创，取得了很好的效果。值得一提的是，由于风雨棚的尺寸较大，整个罩住了角楼且修缮工作持续了一阵子，坊间一度有传闻"故宫角楼被修没了"！当然，随着修缮工程的竣工，这一略显滑稽的谣言便不攻自破。1957年4月30日，西北角楼修缮工程竣工。1960年又修缮了东北角楼。1985年第3期的《故宫博物院院刊》中的《故宫建筑维修》一文曾写道："（角楼）后代虽屡有修葺，但基本结构、制作工艺，仍保留了明代建筑的特征。特别是西北角楼的大木结构，保留原制最多。"

角楼的修缮工程，对于故宫修缮队伍人才的培养可谓功不可没。李德润，原古建部主任（现已离休）。谢安平是故宫古建修缮部的研究人员，2014年进入故宫后，就一直在搜集中华人民共和国成立后故宫修缮的史料。作为"丹宸永固——紫禁城建成六百年"大展的策展人之一，她负责收集的是中华人民共和国成立之前故宫古建木作技艺修缮的相关部分。谢安平于2018年来到李德润家中，找到的角楼修缮合影老照片勾起了李主任的很多回忆。"有了这次修缮的经验，以后再修几个角楼都不怕啦！"面对年轻的接班人，李德润对他们寄予了很高的期望，"现在你们是古建修缮的小专家，以后要磨炼好本事，成为中专家、大专家、高级专家，成为我们故宫建筑的守护神！"

夏荣祥，故宫古建筑修缮高级工程师，属于大木作修缮的第三代匠人群体。夏荣祥从1975年进入故宫到2007年退休，在故宫中度过了42个春秋。他认为学习大木作技术的前十年是"黄金十年"。他先后参与了故宫两座角楼的修缮。

"丹宸永固——紫禁城建成六百年"大展期间，古建修缮部员工请夏荣祥回到故宫做展品设计工作。他特意从家中拿出了自己当年做工的"老伙计"——楠木墨斗。"现在你们用的墨斗很少有用楠木做的，拿在手里一掂分量就不对。我这个是1985年为了修角楼才专门做的，我师父嫌我之前的墨斗太小，让我做了个大的。"不难看出，夏荣祥绘声绘色地介绍着自己的墨斗，就像是在回忆自己的一位老朋友一样。

1981年，夏荣祥跟随上一代匠人师父们参与修缮了东南角楼。1985年修缮西南角楼的时候夏荣祥自己也升级为木工掌线。夏荣祥向古建修缮部员工展示了自己当年记录角楼修缮前木构架码好标号归安时的记录本，上面详细记录了当时他做的工作。"1981年6月15日修东南角楼，拆穿东南望板3层，共用10天左右，参与人数18人，赵师傅、翁师傅，还有其他4位师傅，带领徒弟12人。"一页页精细的记录，再现着当年修缮工作的详细情景。说起过去从事修缮工作的岁月，夏荣祥老师对于自己的两位师傅记忆犹新且心怀感激。"说来我特别感谢我的两位师傅，赵崇茂和翁克良。是他们老哥俩私底下合计好了让我来到工程的掌线位置上，才让我短时间内学到了很多东西，进步神速。"修缮角楼的主要难度，在于其结构复杂，零件数目繁多。夏荣祥认为，像修缮角楼这样复杂的工程最重要的一步是要给拆卸下来的木构件编号，待等比例的模件做好后可以按照编号进行一一复原。这样，修缮工作才不会出现大的纰漏。赵崇茂师傅会在修缮的前一天把画好的图纸交给夏荣祥，让他前一天晚上熟悉古建筑的木构架结构，并告诫他："小伙子不能认尿，抓木如抓虎，抓住了就不能松手，遇到困难扛也要扛着往前走！"师傅的话激励着夏荣祥，让他四十年如一日地和故宫古建筑的木构架打交道。开展前，夏荣祥来到了午门展厅，此时，展陈设计已经按照夏荣祥的建议安排妥当。"很多人都认为古建筑修缮就是按流程修就可以了，和人没什么关系。其实恰恰相反，材料和方法不行可以换别的，但是如果掌握技术的人没了，那就是无稽之谈，根本开展不了。"夏荣祥师傅对于匠人在传承古建修缮技艺中的作用有着很高的评价。望着展厅中重整修缮队伍时的老照片，夏荣祥向策展人说道："当时我就和我师傅说过，过去修房子的人都没有留下姓名，现在可不一样了，我要把我们的名字用油纸包好后藏到地下，这样后世的人就都知道我们了！我师傅说'可别，这埋在地下那就是永远都翻不了身了啊'。"这透着豁达诙谐的调侃，也反映出了大木作修缮人员渴望自己的劳动被后世铭记的想法。现代科学技术和非物质文化遗产的保护理念，让这些手艺人的故事更有了流传下来的基础与希望。退休后，夏荣祥依然专注于给年轻的修缮技术人员讲解修缮技艺，让古老的技艺在年轻人身上一代一代地延续下去。

除角楼外，午门的修缮工作同样体现着这一时期修缮工作的创新之处。1961年，经过勘探与调研，发现午门的木作结构受损状况较为严重，需要进行大规模修缮。故宫午门始建于明永乐十八年（1420年），上一次大规模修缮发生于清顺治四年（1647年），至当时已经有300余年。其梁架结构为典型的五架梁结构，用于承托五架梁的瓜柱已经发生了相当程度的断裂，虽然随梁枋等承重构件尚能维持，但总体损毁程度已十分严重，一旦发生地震、雷击等强烈的自然灾害，随时会有倒塌的风险。在进行大木作修缮的时候，木作修缮小组最初决定采用传统的落架大修法，也就是将受损的五架梁及以上部分全部拆下，待梁架重新制作完毕后再将其上的梁架、斗拱、瓦作按顺序装回。这一做法修缮成本高昂且费时较长，需要对古建的整体结构进行拆卸。由于同年国内古建筑修缮工程较多，经费较为紧张。而且，午门的主体建筑结构距离上一次修缮年代久远，各部件的受力结构较为稳定，若大规模拆卸安装，也会面临较大的坍塌风险。因此，技术组在充分讨论之后，决定采用夹板支撑的方式对其进行加固，也就是保留原先发生糟朽的五架梁不动，在其随梁的位置用材料相同的木料钉装夹板，作为随梁架设在其下一组梁架上的瓜柱中间的载荷部位，斜角上方固定于天花之上，用来分担原本糟朽部位的承重结构。其余细部用圆钢、铆钉等零件进行补强，使之形成完整的受力结构。

这一做法在国内的官式建筑修缮工作中尚属首次。该项修缮工程于1962年竣工，至2020年为止未发生结构性问题，可见其成功之处。同时，由于采用支撑补强的修缮方法，没有更换梁架、拆卸瓦件，修缮工作的成本和工时得到了良好的控制。当时木作修缮组承诺的是7年内无质量问题，事实证明结果大大超过了预期。整个工程耗资9万余元。验收时，负责项目的领导曾评价："用小修的钱和时间，实现了大修的效果。"

除上述工程外，防治自然灾害对古建筑的侵害，特别是雷击灾害也是这一时期大木修缮工作的一大重点。1955年8月8日，故宫午门东雁翅楼和雁翅楼东北、东南的角亭遭受雷击，瓦口和顶部木作结构遭到破坏。同年9月11日，文物局对午门修复工作做出批示："避雷针的安装工作希望你院与相关单位联系研究。拟出具体方案后上报至局里，批准后再进行施工。"当时，安装避雷针的做法在全社会的争议较大。后经讨论后决定，率先在弘义阁、体仁阁、畅音阁、太和殿等高大建筑上试点安装，后推广至故宫大部分文物建筑。这一工程参考了同时期日本和苏联的相关设计，沿屋顶鸱吻和垂脊的对角线进行安放，在国内尚属首创。这一做法也为日后天坛、雁翅楼等建筑的避雷针安装工作起到了示范性的作用。北京地区大部分建筑采用的是钢制避雷针，而故宫采用的是铜合金，这是为了尽量避免金属对古建筑瓦口和大木结构的锈蚀。

06

重启新征程，第二代大木匠人形成

一、第二代大木匠人

1972年，吴仲超恢复故宫博物院院长职务后，开始对故宫内的文物建筑进行普查。在调研的过程中，发现许多大型古建筑的糟朽程度较为严重，急需进行专业且规模较大的大木作修缮工作。针对古建筑调研的结果和修缮方案的制订，故宫起草了《故宫博物院古建筑五年修缮规划》，并提交给了国务院。文件中拟对午门雁翅楼、东南角楼、乾清宫、交泰殿等多处古建筑进行大规模的修缮。国务院于1975年通过了这一文件。1974年，为了扩充故宫古建修缮人员的规模和提高其技艺水平，经国家计划委员会批准，故宫古建工程队增加编制300人，分两年从社会上招募青年工人进行培训学习，生源上主要为城乡知青和退伍、转业军人。李永革、黄有芳等木作师傅于这一时期进入故宫，成为学徒，跟随老师傅们学习大木作技艺。木工组第一批招生共有8位，一共有6名男性、2名女性，除李永革外均为知青，生源地为平谷和昌平。1975年，古建工程队第二次招工结束，在编人员扩充至450人，工程队的实力得到了进一步的提升。8月，根据古建筑修缮实际工作的需要，将古建管理部改称工程办公室，统一承担修缮工程的相关事宜。1976年，针对午门、畅音阁的梁架加固工作正式开工，故宫的大木作修缮工作也进入了第二个高峰期。从1976年至1999年，故宫累计完成了大小的修缮工程550多项，经费投入超过1100万元。特别是唐山大地震时期，古建工程处的工作重心转移到了对震后受损古建筑的紧急修补与预防性加固当中，共完成了加固工程274件，为建院以来首次。其间，故宫博物院成功申报联合国教科文组织并获批加入《世界遗产名录》。这对故宫的古建筑修缮工作提出了更高的标准和更严的要求。

随着改革开放的深入及中国文化旅游事业的兴起，古建筑维修与保护业务也因此激增。故宫博物院的门票收入增加，古建修缮经费得到了有力的保障。经费虽然满足了，但是任务数量增多，修缮工程处开始面临修缮人员不足的尴尬境地。

1979年，为解决古建修缮项目激增伴随的施工人手不足的问题，故宫博物院着手对古建工程处进行体制改革，其中包括加强业务培训、技术考核，落实责任制，改进奖金制度等措施，一定程度上调动了大木作修缮匠人的积极性。同时开始放眼社会上的一些具备优良资质的古建施工单位，在古建修缮处的分配指导下承包故宫内的一些修缮工程。9月，故宫博物院裁撤了工程办公室，将工程队改为处级部门，由院直接领导。自此，故宫内古建筑的施工修缮和日常维护，又分别由两个处级部门领导。

1980年，古建管理部和工程队的机构调整工作告一段落。古建工程队的领导成员开始进入了新老交替的阶段，维修设计等工程人员和工程队的人员编制也发生了一些调整与变化。按照当时干部"四化"的相关要求，提拔了一些较为年轻的员工进入了领导岗位，当时的青年技工李永革成为木工组的组长。原有的老员工则退居二线，从事业务技术指导等相关工作。这其中，单士元、于倬云、王璞子3位老先生自始至终发挥着指导性的作用。1989年6月，古建管理部改变了原有"实报实销""差额补贴"的修缮工程报价制度，改为"工程承包，自负盈亏"，对包括大木作组在内的各修缮组实行工程计件制，体现了多劳多得的分配原则，并进一步激发了修缮工人的工作热情。当时，社会上的一些私营建筑公司也开出较高的价码，采用按件计价的方式结算工资，对比故宫这样的事业单位可以说是相当有吸引力了。一些在故宫工作的修缮匠人利用周末单休的时间私下承接一些社会上的修缮工作，诸如餐馆和酒店的仿古装修。也有相当数量的匠人辞去了故宫中的职务，到其他建筑单位工作，从而也将故宫内官式建筑大木作修缮技艺传播至其他地方。1990年，为适应施工管理的客观需要，故宫博物院古建工程队改名为古建修缮处。1992年，古建修缮处调集外部力量开展修缮工作的比例进一步增加，完成了由原先的生产经营型向经营管理型体制的变化调整。

这一阶段，故宫大木作技艺学徒的形式较上一阶段的传统师徒制有了较大的变化。学徒们进入故宫后会先填报志愿，在八大作中选择自己最感兴趣的内容填报，之后再进入相应的门类进行学习培训。培训模式主要是上大课进行文化教育学习和老带新的现场观摩学习两种。上大课的教学内容主要是讲授故宫的历史沿革以及故宫当中古建筑的相关知识，目的是较为系统地培养起学员对故宫的兴趣以及基本的文物保护意识。老带新的现场观摩学习的主要内容为学徒帮师傅定尺寸和撑线，在实践中学习，上岗操作，加强对修缮工作的直观理解。

该阶段的学徒工没有固定师傅或导师，课堂授课之外会由木工组的数位师傅带领着到修缮现场进行实践学习，口传心授，在工作中学习日后需要的知识。有的时候遇上恶劣天气，没有办法在室外进行古建筑的修复作业，带队师傅就会把学徒带到会议室，或者在古建筑里面，席地而坐，讲述修缮工作中的一些事。有时候是修缮的技巧和要点，有时候就是单纯的奇闻逸事。教材方面，当时的参考资料主要为梁思成编写的《清式营造则例》，但当时出版物的定价较高，以学徒工的工资收入难以购买，普遍情况是从院图书馆借阅、传看。

一般情况下，学徒需要先参观学习3年，主要是观摩师傅们的修缮操作，帮忙打下手，递送工具。之后可以在师傅的指导监督之下独立进行一些简单的木作修缮工作。等到系统学习了10年以后，方可独立地从事大型的复杂修缮项目，学徒身份亦告终结。该阶段总体上来看修缮工程较多，学员们也有着较为充裕的现场学习资源。

这一时期的木作修缮师傅由于具有民国时期的工作经历，因此身上也难免会带有一些民国时期手艺人的较为封建保守的思想做派。例如个别学徒在给老师傅打下手的时候希望可观摩学习到木作修缮中较为关键的画线工作，但有些老师傅便搪塞推脱，不愿意将自己的关键手艺教授给学生。同时，在学徒的实践操作过程中言语责骂，甚至轻度体罚的现象也是存在的。这些均体现出了那个历史时期一些匠人的特点。

二、第二代故宫大木作匠人剪影

尽管改革开放开始以后，北京社会上的私营建筑公司兴起，包括故宫博物院在内的不少原文博事业单位的修缮匠人为追求更高的收入离开了原有的单位。但是，依旧有一批大木作修缮匠人选择留在故宫，奋战在文物建筑修缮保护工作的第一线，并指导了下一代大木作修缮匠人，将技艺的火种传承了下去。这其中较为具有代表性的有翁克良、戴季秋、赵崇茂3位师傅。

1954年，故宫博物院院长吴仲超为了摆脱工程外包的窘境，开始着手组建故宫博物院专属的古建修缮团队。这其中既有原有的老匠人，也有熟人引荐、从社会上聘来的青年力量。这里面，一个身形高大、做事认真、吃苦耐劳的男青年，跟随老师傅侯宽一起进入了故宫博物院，一干就是40年，成为日后修缮工作的中坚力量。这位青年便是故宫大木作修缮的第二代匠人之一翁克良。他是翁国强师傅的父亲，也是黄有芳师傅的恩师。翁克良师傅1950年至1991年任职于故宫古建修缮队，曾担任大木工组组长，擅长大木放样、斗拱制作。

翁克良出生在旧社会通县地区的贫穷村落。和村子里的大部分人一样，翁克良小时候上了几年的私塾，后来便辍学外出打工。他和同乡来到城里做杂工，后来经认识的工友引荐来到了当时北京城有名的建筑厂——天兴营造厂做散工。翁克良不光身材高大、力气足，脑袋还很灵光，师傅教的东西一学就会，而且干活不惜力。时间长了，木工的领班看中了他，计划把这个大个子带在身边学习更多的本领。翁克良私下打听才知道，这个领班是营造厂的技术一把手侯宽老师傅。翁克良不想错过良机，花心思找了介绍人和保人，暗中搭线带话请侯宽师傅吃了顿饭，喝了些酒，给侯宽师傅磕了头，自此二人便正式有了师徒名分。侯宽师傅把翁克良带在身边做工，传授他木作修缮的全部技巧。翁克良因为上过私塾，很有心地把从侯宽师傅那里学到的、看到的一一记录下来，传给了自己后来的徒弟们。中华人民共和国成立后，侯宽师傅年事已高且身体状况欠佳，便在工作了一段时间后离开了故宫，翁克良等第二代修缮匠人便挑起了大梁。

翁克良与弟子黄有芳合照

翁克良在侯宽师傅的指导下参与了很多故宫的维修工作，大多是零修碎补，比如说揭瓦檐头，抽换和墩接柱子，落架大修，更换糟朽的零部件，制作缺损的斗拱部件，补配门窗缺口。北平刚和平解放时，百废待兴，当时故宫的院长准备组建一支修缮队伍，翁克良师傅很顺利地进入了故宫，转为了正式工。后来，他因工作能力出众而得到领导赏识，本人的思想觉悟较高，加入了中国共产党。从进入故宫博物院到退休，翁克良师傅很长一段时间担任木匠组组长，职称是老六级工，这在当时是最高的级别。在2006年黄有芳接手大木工组组长后，翁克良师傅仍亲临现场为黄有芳的工作给予提点，在年岁已高的情况下依然亲自爬上爬下十几米高的古建筑，尽职尽责。

　　和翁克良师傅类似，戴季秋老师傅同样来自偏远的郊区县。戴季秋师傅家在河北农村，年少时跟随同村的伙伴来到北京打零工。后来在社会上的建筑工地拜师学艺，掌握了大木作修缮的技巧。之后同样在熟人的引荐之下来到故宫从事古建修缮工作。戴季秋师傅头脑聪明，深受老前辈的喜爱，而且他为人勤奋，学到了许多木作的精髓。戴季秋师傅在故宫中工作了将近50年，培养了包括李永革在内的许多修缮匠人。因本领出众，他在退休后被北京市多家古建公司聘为顾问。

不同于以上两位师傅，赵崇茂师傅出身于北京城里有名的木作营造世家，他学习大木作修缮属于家族传承。赵崇茂师傅家住北京西城，从自己算起祖上三代均为木工。赵崇茂师傅擅长斗拱制作和大木的放样制作。退休后同样被北京的多家古建筑公司聘用为顾问。三位师傅均已去世多年。

07

故宫大木作修缮的第二个高峰期

一、新时期，新法规，新学术

随着改革开放不断深入，国民经济快速发展，国家对文化旅游事业的发展提供了政策和资金上的支持，我国的文化旅游事业也因而迎来了蓬勃的发展。得益于游客数量的激增，门票收入提高，故宫的古建筑修缮工作也有了充足的经费支持。1980年故宫博物院的古建修缮经费为180万元，1981年增加至209万元，1990年达到300万元，此后每年经费均超过1000万元。我国的文物建筑保护行业也不再和之前一样处于闭门造车、自我总结经验的状态了，一些国际上较为前沿的保护理念也开始进入了国内专家学者们的视野。他们结合我国国情起草了一系列指导性的文件。这一时期的主要指导性文件有《中华人民共和国文物保护法》《文物房抗震计划》等。科学技术的发展与观念的更新，也让修缮匠人们更乐于尝试新的修缮技法，接受新的理念，改善修缮工作的使用工具。故宫博物院内部学术建设开始起步，开始系统地分析总结古建修缮技艺的知识内容。

与其他科学内容一样，文物建筑的保护修缮工作应当有符合自身实际的政策性文件予以指导。同时，由于我国文物建筑保护工作起步相对较晚且基础较为薄弱，在具体工作的过程中更需要放开视野。20世纪80年代初期通过的《中华人民共和国文物保护法》，提出了古建筑保护及修缮原则，突出强调了"有效保护，合理利用，加强管理"的指导方针。故宫文物建筑修缮在这一时期开始注重历史价值与原状保护，重视其科学价值与艺术价值，开始更多地与《保护文物建筑及历史地段的国际宪章》（即《威尼斯宪章》）等国际文物建筑保护理论贴合，也开始着眼于处理保护文物建筑现状同满足开放之间的矛盾。随着故宫博物院成功进入"世界遗产名录"，故宫博物院也开始将理论的汲取放眼于全球范围，文物意识开始进入故宫文物建筑修缮工作的视野，强调文物建筑在社会发展中的见证性作用。

在大型古建筑修缮工作上，开始强调控制文物建筑的修缮规模，不再片面地追求"一劳永逸地修缮文物"。修缮工作也开始重视史料的收集，力求做到"修旧如旧"。例如漱芳斋的前后殿修缮工作，就是在查阅了历史档案之后，古建工程队决定以清代嘉庆时期的建筑格局为修缮范本进行修缮。这样既可以保存明代漱芳斋的基本形制及清代乾隆时期的建筑原状，又可以减少修缮工程量，达到节省修缮成本的作用。故宫内的学者也认识到了文物保护应当不改变文物原状这一准则，这些与《威尼斯宪章》中所反映的思想内容高度一致。同时，他们也开始思考保护与利用、整旧如旧与整旧如新的辩证关系，如何做到保护文物建筑与合理利用文物建筑达到展览参观的目的相结合成为当时他们讨论的热点话题。1976年，唐山发生大地震，故宫博物院紧急出台了《文物房抗震计划》，先后对276项古建筑的木结构进行了补强与加固工作，大木作修缮的工作重心也从原本计划中的文物修缮转移到了对原有文物建筑的耐震加固中。

这一时期在开展文物建筑修缮的同时，故宫古建修缮团队基本上达成了"文物建筑修复应当保持其原有风貌"这一共识，也开始辩证地思考传统修缮工艺及其用料是否应作为指导当代古建筑修缮一成不变的准绳。

在不断地借鉴、吸收修缮经验，革新修缮理论的同时，故宫博物院的学者们也开始着手建立自己的学术期刊和机构，以期形成系统的学术体系。1980年，故宫博物院的院刊《紫禁城》正式创刊，内容上主要刊载研究故宫历史及文化遗产的相关学术性文章，关于官式建筑及大木作修缮等方面的理论亦有所涉及。1990年，故宫博物院的专家提出了建立中国紫禁城学会的主张。1994年年初，故宫博物院决定作为学会的挂靠单位，专门为其提供办公地点和经费。同年8月上报国家文物局，9月正式获批，于倬云担任会长。1995年2月，民政部下发学会印章。12月1日，第一次研讨大会正式召开，中国紫禁城学会正式宣告成立。《紫禁城》

故宫中的畅音阁

期刊的设立及中国紫禁城学会的创建标志着故宫博物院正式
形成了属于自己的学术刊物及学术机构，对包括大木作修缮
在内的古建筑知识及修缮理论起到了归纳、总结、研究的作
用，也为下一阶段故宫学院和故宫学的建立打下了基础。

二、合成钢，吊顶，新材料

随着科学技术的进一步发展，这一时期的大木作修缮工
作也在技术论证的基础上，更加大胆地尝试新的技术，以期
提高修缮工作的质量和效率。

1976年，故宫博物院决定对畅音阁的主体木结构进行
修缮。畅音阁为三层的组合式建筑，在前期勘察工作中发
现，畅音阁中底层井口梁西段的大木结构已发生较为严重的
糟朽，如果折断的话必然会导致二层、三层的建筑全部倒
塌。而如果将井口梁进行替换的话，势必要将二层、三层的
建筑全部做落架大修，其耗费的工时以及人力、物力、财力
绝非其他古建筑木结构修缮所能够相提并论的，此等大修对
文物建筑本身亦会造成不小的损耗。且井口梁的正下方即为
戏台部分，没有承托的梁架结构，因此也无法采取木板加固

的方法。就当时而言这是一项难度颇高的工程。古建工程组和大木作师傅们在反复的技术论证与考察之下，最终决定采用轻钢桁架加固井口梁的方法，即在糟朽的井口梁两侧搭建临时的支撑结构，然后将原先糟朽的梁架进行剔除清理，再在井口梁两侧加装轻钢井口梁平行弦桁架，与原本的井口梁一起承力，达到了较为理想的修缮效果。1987年8月，景阳宫遭雷击起火，建筑大木结构中许多部分已被碳化。大木作工匠们按照《中华人民共和国文物保护法》中"不改变文物原貌"这一原则，以现场遗存的实物为依据，将已碳化的及已无法继续起到承重作用的部件进行等比例复原，再把表面碳化的部件剔除，用新的木料将缺失部分填补，用铁丝加固后继续使用。这样既节约了成本，又最大限度地保存了原有大木结构的完整。

1992年，全国文物建筑保护维修理论研讨会召开。会上提出了古建筑保护应当遵循"四保存"原则，即原有形制、原有结构、原有技法、原有材料的保存。翻修御景亭的时候，原本计划将上部构架全部落架，将下部糟朽梁架进行替换，但这样做会使上部榫卯结构受损。因此，木作组决

定，不动原有木结构，只将瓦件卸下，用数个50吨的吊链
将地基以下的木作结构整体吊出，再将残损部件替换，做到
不伤筋、不动骨地完成修缮工作。此举体现出了修缮手法的
创新及因地制宜的修缮原则。1994年，景阳宫东山檐柱糟
朽，因为此柱处在房屋天沟部分的交叉处，如按照传统工艺
手法需要将东部一半房屋的山墙拆开，以达到"偷梁换柱"
的目的。但是，修缮处的大木作工匠们在研究讨论之后，决
定用2个千斤顶将上部梁架结构整个托起，再把底部糟朽的
木料进行抽换。这一做法借鉴了此前国内其他古建筑的成功
修缮经验，取得了较好的效果，也间接地说明此时的大木作
修缮队伍的技术手法日臻纯熟。1985年9月，故宫进一步完
善了防雷措施，改善了太和殿及保和殿的引电装置，为东西
六宫的低矮建筑群更换了新式的避雷针，同时安装了雷击计
数器，用以统计雷击次数。这些方法均为这一时期的修缮匠
人所独创。

与上一个阶段绝大部分修缮技法和材料都遵循传统的状
况不同，随着科学技术的进步以及保护理念的更新，这一时
期的大木作修缮工作开始较为大胆地尝试新的修缮方法，同

时也在材料上进行了创新。就材料上而言，明清时期故宫中的古建筑无论是营造还是日后的修缮，大部分使用的均是产量稀少、生长周期漫长且价格昂贵的金丝楠木，辅之以少量黄松木。中华人民共和国成立以后国内的金丝楠木储量已经十分稀少，在20世纪60年代修缮午门的时候使用的金丝楠木大料为此前拆除地安门雁翅楼时的备用木料，除此之外便再难找到直径超过1.5米的金丝楠木木料了。到了20世纪70年代以后，故宫古建筑大木作修缮使用的木料多为红松与白松，少量为东南亚进口的楠木。20世纪80年代修缮的咸若馆和东南角楼的童柱使用的则是美国进口的红松木。在日后修缮及使用的过程中也证实，使用替代木材对于修缮工作的质量并无实质影响，且可以节约大量的经济成本。同时，一些现代化工原料在经过技术论证确定不会对古建筑产生不良影响之后也开始应用于古建筑木结构的修缮工作中。

修缮工具方面，一些过去需要人工的环节，也被现代化的工具所替代。如使用电锯代替传统的大锯进行开料，使用电动卷扬机代替原有的滑轮架等。测绘方法上也开始借鉴国外文物建筑修复的理念和技术。1982年古建工程队曾借鉴日本的技术手法，对太和殿进行三维激光扫描测绘，得到了详细的太和殿建筑结构立体图和剖面图。不同于以往传统的测绘记录方法，三维扫描技术不需要搭设脚手架后再对古建筑进行人工测量，也不依仗老师傅的经验估计，而是以科学设备进行高精度的测绘勘探，大幅度地提高了测绘精度，降低了测绘工作的时间成本和经济成本，对文物建筑的资料留存工作起到了较大的改进作用。

这一时期完成的大型单体建筑修缮工程主要有畅音阁修缮工程，午门东、西雁翅楼加固工程，御景亭安装避雷针工程，武英殿加固工程，钟粹宫修缮工程，皇极殿东庑修缮工程，西南角楼修缮工程，皇极殿修缮工程，神武门修缮工程，漱芳斋修缮工程，景阳宫修缮工程等。自故宫博物院重新开放后，从1975年至1999年的这一时期可以被称为故宫博物院官式建筑大木作修缮工作的第二个高峰期。这一时期内故宫完成的官式建筑修缮工程总计超500项，平均每年超60项，无疑是中华人民共和国成立以来修缮规模最大的时期。这既得益于国家层面的支持，也和指导修缮理论的优化脱不开关系。这一时期国家出台了《中华人民共和国文物保护法》，使得故宫在内的古建筑保护修缮工作有法可依。国际上较为前沿的理论进入了故宫博物院修缮团队的视野，人们开始辩证地看待保护与利用、"修旧"与"修新"的关系。大木作工匠们也不再拘泥于传统的修缮手法，新材料、新工具、新方法都在充分的技术论证之后投入了实际工作之中。古建筑修缮相关的人员机构的建设也逐步完成了转型与过渡。大木作修缮技艺传承人也由第一代过渡到了第二代，同时第三代传承人群体也在新的培训模式下接受更为科学系统的学习，为日后接手古建筑修缮工作打下了坚实基础。

08

故宫大木作修缮的第三个高峰期

一、"六百年未有之大修"

时间进入了21世纪，得益于国内文化旅游业的发展以及北京奥运会的成功申办，国内和国际社会对于故宫更加关注。2001年11月4日，国务院在故宫博物院召开办公会议，商讨故宫下一阶段文物修缮工作的规划问题。会议要求：做好故宫古建筑维护维修工作，要遵循文物保护和维修的原则，恢复与保持故宫整体布局和个体结构的原貌。同时积极慎重地采用新技术手段和成果，注意与传统技艺相结合，对故宫建筑进行完整的保护。19日，《故宫博物院保护总体规划大纲（2003—2020）》起草完毕。大纲对故宫文物建筑提出了近、中、远三个阶段的修缮任务规划，并且提出实现故宫完整的保护，再现故宫庄严、辉煌、肃穆的景象这一颇具时代性的工作口号。故宫修缮的一期工程于2008年按照计划顺利完工，这也是中华人民共和国成立以来故宫博物院的首次整体大修。这一时期的修缮工程项目达到了自故宫主体建筑落地以来的最大规模，被诸多业内人士称为"六百年未有之大修"。

2000年至2012年，完成的大型单体建筑修缮工程主要有文华殿修缮工程、武英殿修缮工程、太和殿修缮工程、倦勤斋修缮工程、午门修缮工程、延春阁修缮工程、钦安殿修缮工程、太和门修缮工程、太和殿修缮工程、碧螺亭修缮工程、南薰殿修缮工程等。故宫"百年大修"工程花费共计18亿人民币。该阶段的百年大修工程难度不比重建故宫的难度小多少，具体难点有以下两个：一是材料难以购买且经费有限；二是传承人难以寻找，技术面临断档危机。此次百年大修的规划时间之长、投资之多、涉及工艺之烦琐，可以说是百年之最。它不仅体现了国家经济水平发展到了新的高度，更反映出社会整体对于文物建筑价值的高度认可，也是故宫古建筑本身的需要，是故宫文物建筑修缮工作发展的必然趋势。本次大修坚持"祛病延年"的指导思想，同时把对文物建筑本身的干预程度降到最低，力求最大限度保证文物的真实性。

与此同时，故宫博物院也开始认识到了文物建筑是一个有机的整体，不光要保护建筑本身，其中蕴含的非物质文化遗产也是尤其需要关注的内容。在修缮工程的开始阶段，故宫古建修缮工程队的负责人便提出要将修缮过程全部记录下来，故宫博物院为此采买了全套的专业摄录设备，并在信息资料中心单独设立了一个科室，用来记录修缮工作的过程。在古建修缮中心召开了拜师会，在一定程度上恢复了传统的拜师制。这对于发扬和传承大木作修缮技艺来说无疑是重大举措。成立了古建筑研究保护中心，开展科研工作和建档工作。

2003年10月，郑欣淼院长正式提出了"故宫学"的概念。故宫学的核心思想在于，将故宫看作一个有机的文化整体，其中涉及历史、文物、宗教信仰、古建筑、非物质文化遗产等和故宫有着密切关联的学术领域，从全面而整体的角度研究故宫的文化信息。随后，郑欣淼院长撰写了《故宫的价值与故宫博物院的内涵》《关于故宫与故宫博物院》《故宫学略述》等学术文章，进一步深入阐述了故宫学的内涵。2004年，故宫博物院在原有学术期刊《故宫博物院院刊》和《紫禁城》的基础上，创办《故宫学刊》，重点刊载故宫学研究领域的学术成果以及关于故宫学理论探索、方法总结以及学科建设的学术成果。截至2014年，《故宫学刊》已出版12辑，发表200余篇故宫学的研究文章。同年，故宫博物院开始与日本东京建筑株式会社开展了文化遗产数字化建设的应用型研究，测绘并记录了古建筑的三维数据。2006年2月，在美国《商业周刊》和《建筑实录》联合举行的建筑"中国奖"颁奖中，建福宫花园修缮工程获得最佳历史保护项目奖。

2007年开始，随着我国经济实力的提升及文化遗产保护意识的提高，北京中轴线上大量的古建筑修缮工程同步开展。受到同期的颐和园、天坛等文物建筑大规模修缮的影响，包括故宫在内的这一时期大规模的修缮工作引起了国内外诸多学者的普遍质疑。主要争论的焦点在于"故宫古建筑到底是应当维持现状，还是恢复康乾时期的盛世风貌"上。一些学者认为这些工程"仓促进行，缺乏文献依据和清晰的工作原则指导"。故宫修缮工程可以说是在全世界的注视下修文物，对此等规模和历史价值的文物建筑群的修缮难度超出了世界上绝大多数其他地区的文物建筑。事实上，关于2002年至2007年度的大修，前期论证性的文件光是存档记录在册的文件就有138个之多，可以说是较为充分完备的。为此，第三十届世界遗产委员会会议于北京召开，要求故宫方面澄清相关事项。为了让海内外学者及关注国内文化遗产保护事业的观众更充分地了解北京的文物建筑保护情况，2007年5月在北京召开了"东亚地区文物建筑保护理念与实践国际研讨会"，会上形成了《关于北京地区世界遗产保护与修复的建议评价》和《北京文件——关于东亚地区文物建筑保护与修复》两份文件。文件中强调了文物建筑修缮应当结合各国的具体历史情况和工艺特征，体现出地域特色，不可盲目生搬硬套。造成故宫修缮高峰期国际社会质疑的主要因素是文化差异的影响，西方的文物建筑多为石质文物，石质文物不用像木质文物那样频繁地去维修。木质文物建筑本身就需要长期且不间断的保护与修复，况且这一时期国家经济和文物保护意识是空前的，因此此等大规模的修缮工作也在情理之中。国际社会此等大规模的关注，一方面也说明了我国文物建筑保护事业受到了很多的来自海外的关注。重现"庄严、肃穆、辉煌"与"不改变文物原貌"本质上说的是同一件事。对文物原状的判断，应当系统地引入价值评估的理论。

除国际性的合作外，故宫博物院古建修缮工程处还与诸

修缮完成后的故宫太和殿

多高校及科研机构展开合作研究。其中突出的成果主要有三项：一是与中国林业科学研究院木材工业研究所合作对故宫古建筑木构件做全面勘查，并针对糟朽范围做深度探查，为保护维修方案提供依据。用现代木材分类法对故宫大木构件树种进行鉴定分类和物理力学性质测试分析，并进行了故宫古建筑木构件树种配置模式及物理力学性质的变异性研究，初步建立了故宫古建筑木构件树种数据库。完成了故宫武英殿建筑群木构件树种及其配置研究课题。二是与北京建筑工程学院（今北京建筑大学）合作开展"三维激光测量技术在故宫古建筑现状测量的应用"研究项目。激光三维扫描技术是一种记录物体形状的技术，具有高效，准确，信息量大，一次采集、多次使用的特点，该技术在故宫古建筑保护中作用很大。已对太和殿、太和门、神武门、寿康宫、慈宁宫等建筑主体结构进行了三维激光扫描测量，取得了初步成果。三是与多个机构合作就故宫数字化之路进行研究，并用数字化摄影技术记录故宫古建筑彩画，为数字化采集、记录、保存、利用提供了条件，为现状记录制订彩画保护方案提供了手段。上述现代科学技术的采用，为古建筑研究、勘察设计、价值评估、查清分析病害、制订保护维修方案提供了依据，为以后完善勘察设计手段提供了成熟的经验。

在该阶段，故宫博物院开始认识到了文物建筑是一个有机的整体，不光要保护建筑本身，其中蕴含的非物质文化遗产也是尤其需要关注的内容。在修缮工程的开始阶段，孙家正组长便提出要将修缮过程全部记录下来，故宫博物院为此采买了全套的专业设备，并在信息资料中心单独设立了一个科室，用来记录修缮工作的过程。同时在古建修缮中心召开了拜师会，一定程度上恢复了传统的拜师制。这对于发扬和传承大木作修缮技艺来说无疑是重大的利好。成立了古建筑研究保护中心，开展科研工作和建档工作。修缮工作更为广泛地对外开放，先后与意大利政府、美国建筑基金会、清华大学建筑学院、北京理工大学建立了科研合作关系。经过十年的坚持与努力，故宫博物院基本上完成了中轴线上的午门、太和门和太和殿地区古建修缮工程，东、西六宫中心的内廷区域的古建筑正逐步得到修缮，基本完成了"实现故宫完整保护，再现庄严、肃穆、辉煌的盛世风貌，充分展示历史文化价值与内涵"这一最初的规划目标。

二、太和殿大修，古老建筑与现代科技的激情碰撞

要说这次百年大修当中时间最长、最引人瞩目的修缮工程，当属太和殿的修缮工程。2005年8月，故宫太和殿修缮工程正式开工。太和殿于2003年开始进行修缮的前期准备工作，此次大修是300年来规模最大、最全面、最深入的大修。之前几次的修缮分别为1946年、1949年、1959年、

1961年、1998年，但都不尽如人意。此次修缮主要指导原则是"复原性保护"，同时要做到保护和利用相统一。

太和殿大木结构的修缮工作主要有两大问题：下沉顺梁的维修与柱子的维修问题以及柱子糟朽程度较高，必须采用落架大修的取舍问题。该修缮最终采用了钢木结构组合的体系进行加固的方案，既解决了顺梁端部弯剪力、承载力不足的问题，又能保证对天花枋等其他构件不产生任何扰动。同时，内柱采用干燥的红松木做墩接处理，外层采用红松包裹加钢箍做法加固。此次维修中将部分柱子的铁箍、铁钉改为钢箍、钢钉，顺梁结构中采用了钢木混合结构进行加固。钢材的受力、结构强度与接融性要明显好于铁材。在太和殿维修过程中，工作组对10万余件木件和瓦件进行了拆卸和编号，以便后期的拼装。

除修缮方案方面的革新外，工艺变化的另一重要表现则是修缮工具的革新。太和殿在前几次的重建过程中，木材的加工全部为手工操作，而此次加工过程中加入了电锯、电钻、电焊机等机械电器工具进行加工。技术方面，采用钢箍和螺栓加固的方法对原有建筑造成的损害相对较小。工具上由纯手工转向手工与现代机械相结合，工艺也由精细转向实用。与此同时，开放性修缮是太和殿修缮工程的一大亮点。在修缮的过程中，由于太和殿的整体被风雨棚完全罩住进行施工作业，导致在修缮的过程中太和殿无法像以往那样对游客开放参观，进而甚至有游客向消费者协会投诉，认为自己就是奔着太和殿来的，却只看到了大大的风雨棚子，属于受到了欺骗。实际上，太和殿大修的告示在施工一开始就向社会上公布，售票处的导引上也有明确说明，并不存在所谓欺诈消费者的情况。尽管如此，为在修缮的特殊时期最大限度满足消费者的参观需要，故宫博物院还是决定在修缮现场外围架设起和太和殿等高的实景展示板，配以文字和历史图片向观众展示太和殿的历史信息及修缮工作的特点。同时，通过LED大屏幕向外界实时直播修缮现场，配有讲解员解说修缮工作的技术性细节。这一做法在国际社会上都属于较为前沿的实践性活动，在开放性和公众参与度上在当时的国内可以说是空前的。

除了典型的太和殿大修之外，新兴技术和修缮理念的应用还存在于故宫的其他文物建筑修缮过程之中。

2007年11月，慈宁宫木架修缮工程开工。不同于以往的修缮工作，此次大木修缮的重点在于木材的防腐处理。木材的自然性质导致了其内部很容易吸引害虫产卵和啃食。以往的木匠虽然也意识到了这一问题，并做了一定的预防性处理，但受技术水平的限制而无法做到标本兼治。慈宁宫在木结构的检修过程中发现了较为严重的腐朽情况，因此导致原有结构强度降低，面临进一步受损的风险。古建修缮小组最终决定采取喷涂木材专用的防腐药剂的方法，将木材腐朽的部分剔除，再喷涂3次防腐药剂，之后用塑料薄膜包裹，加快药剂的挥发。待4～5天后打开塑料薄膜，木材的防腐工作宣告完成。和其他的木结构修缮工作一样，这样的防腐处理自然也不可能做到一劳永逸，需要定期对进行过防腐处理的部分进行动态监测。一般情况下，木材不经防腐处理会在4～5年内发生糟朽，而进行过适当的防腐处理的木材则可保持8年内不发生严重的糟朽。

2005年4月，故宫午门修缮工程竣工。古建修缮小组在修缮规划阶段便将午门作为展示场所进行修缮，将午门内部分为上下两层，上层保留原始木结构和装潢，最大限度保留了原本的历史风貌；下层则进行了大量的现代化改装，用于日后的布展工作。上下层之间用钢化玻璃隔开，使得观众在参观展会的同时也可以欣赏到午门原本的历史风貌，做到了保护和利用互相统一。展厅设计遵循了"三原则"，即可逆性、非遮挡性、保证建筑整体风格不变。该项目获得了当年的"文化历史遗产保护创意大赛"一等奖和"全国十大建设科技成就奖"。

09

李永革——当代木作的文物大医

如果问起当代官式古建筑营造技艺（北京故宫）代表性传承人是谁的话，那恐怕非李永革师傅莫属了。李永革出生于1955年，是现任故宫博物院古建修缮中心的主任，研究馆员。2009年被文化部评选为"文化部非物质文化遗产保护工作先进个人"。

　　李永革在第一次进入故宫、经过西华门的时候便被故宫古建筑雄伟瑰丽的建筑外形所打动，从而对古建筑营造修缮手法产生了兴趣，遂进入木工组进行学习。学艺期间，李永革勤学好问且善于钻研，不只满足于课上师傅所传授的内容，还在课后到赵崇茂师傅家中连续一个月抄写《清工部营造则例》，并反复研读、理解消化，结合课上的内容加强理解、融会贯通。在老一辈修缮匠人的影响和教导之下，李永革等第三代匠人群体形成了对故宫文物的热爱和对古建筑文化的敬畏之心。他先后参与了故宫1981年东南角楼、1984年西南角楼的修缮工程，因能力出众于1985年被任命为故宫古建修缮工程队副队长，之后参与了景阳宫、南三所、御花园御景亭、建福宫等古建筑的修缮工程。其中主持的规模最大且耗时最长的为太和殿的修缮工程。从1995年开始，李永革成为国家文物局古建专家组成员，并多次为国家文物局举办的培训班和各省文物局举办的培训班的学员们讲解古建筑维修保护与传统工艺技术，还担任了北京市古代技术培训中心授课老师。2007年，李永革被评为故宫官式建筑大木作技艺国家级非物质文化遗产传承人。在李永革主导修缮的这一时期，故宫博物院文物建筑修缮基本上完成了"祛病延年、保护现状、实现庄严肃穆辉煌"的修缮目标。

李永革老师是一个地地道道的"老北京"，高中毕业后应征入伍，1975年复员之后开始考虑工作的问题。由于李老师刚从部队回来，就想着找一个离家比较近的工作。一开始他做了刑警。李老师对这个职业起初还是很满意的，一方面专业对口，另一方面说出去更光荣。可是李老师的家人却并不同意，觉得危险大，压力也大，不适合李老师。刑警的道路走不通了，李老师又考虑去手表厂上班。可当实际参观了手表厂的修理车间之后，李老师又觉得这活儿"太费耐心，我这人坐不住，干不了"。几经周折，工作也没定下来。这时候李老师受家里影响，就想着当个木匠。同时，李老师也听取了父亲的建议："在北京学木工，哪儿的活都不

李永革老师与同事的合影（右起第二位）

如故宫的好，要学就去故宫里学！"同年，故宫博物院开始招收一批新的木匠学徒工，李永革老师就此顺利进入故宫开始了数十年的木匠生涯。

因为对自己要求严格，学习认真，李永革进入大木工组后没多久就成了工程队的副队长，之后也是一直学习，严格要求自己。说起自己的师傅，李永革回忆道："我做学徒的时候，老师傅已经很少有旧社会时期的封建习气了，按照当时的说法就是'革命的师徒关系'。"李永革的师傅赵崇茂来自河北，满族人，当时是大木工组的组长。在冬训的时候赵崇茂师傅负责主讲大木作修缮的相关理论，其他老师傅在一旁负责补充。赵师傅早年念过私塾，文化水平较高，讲课生动绘声绘色，深得学员的喜爱，李永革的木作理论基础就是在这一时期打好的。

除了赵师傅，戴季秋师傅也为李永革木作技术的提高起到了重要作用。戴师傅是正经的世家出身，家里祖上很多代人都是做木匠的，其师傅是故宫第一代大木作修缮匠人群体之一的马进考老师。戴师傅曾在营造厂上班。中华人民共和国成立以后，戴师傅手艺精良，来到了故宫。之后跟着师傅做了许多小的建筑缩微模型，由小见大，就会了很多手艺。戴师傅由于是世家出身所以自视甚高，虽然文化程度和讲课水平上不及赵师傅，但对自己做活儿的手艺是非常有自信的。李永革聪明机灵、勤学好问，这些都被戴师傅看在眼里。私底下偶尔会在周末把李永革带到职工宿舍里参观自己的缩微模型，同时还给李永革再开一开"小灶"。李永革也把握住了机会，虚心地向戴师傅请教了许多问题。"当时建筑行业是歇大礼拜，周日放假的时候没少去戴师傅家里找他。自行车都不敢停在师傅院子里，偷偷摸摸地，生怕别人知道！"提起师傅们的脾气秉性，李永革说，虽然他的师傅身上已经很少有旧社会时期的匠人脾气，但是同样很好面子，渴望本事被别人，特别是徒弟所认可。老师傅比较看重徒弟是否尊重他，如果获得了认同的话会掏心窝子地教徒弟很多事情。人学技艺和淘井水一样，需要不断地虚心学习。"现在看看以前，其实应该再多和师傅请教一些的。那时候没成家，也年轻贪玩。其实还是应该趁着年轻多学一些的。"直到今天，提起当年，李永革依然有些许的遗憾。

2004年，李永革向时任院长郑欣淼提出兴办拜师会的建议。焦保建师傅和黄有芳师傅一起拜师傅，拜翁克良为师傅。提起这次拜师会，李永革认为很有意义。拜师是一种传承，口传心授的形式十分重要。许多师傅，如果直接问的话可能会没法系统地说出很多做活的技巧和工作方法，而是需要在工作过程中触景生情时进行讲授。徒弟在工作过程中的询问、请教也可以激发师傅的思考，所谓的教学相长就是这样一种意思。"老师傅聚在一起的时候偶尔口无遮拦想说点儿啥就说点儿啥，但是有徒弟在时就不一样了，起码得收敛一些。学问上也是，徒弟问问题不可能有师傅什么都知道，你不能不懂装懂，明明不知道的事情非要说知道，那就不是师傅了，那就是害人了。偶尔一次两次不知道很正常，但你要是被问十次里有七八次都不知道，那就不像话了。这就要求师傅得不断学习，不断提升，这些都是相互的。"

除了师徒制度，李永革师傅认为当下还应当加强对行业规矩的深入研究。木匠行业传承下来的规矩，是可以逐渐随着时代发展的。当然，规矩没有过时这么一说，任何时代追根溯源来看，规矩都是一脉相承有意义的。许多木作匠人喜欢把做工的技巧编成顺口溜供后人理解记忆，而这些规矩很多匠人知道了也不会刨根问底，不会去溯源，但是对规矩的解读十分重要。现在定规矩的人很多，大家意识到了重要性，比如北方山西的，房山的，门头沟的，这些大木作修缮行业都有着流传下来的规矩。例如：寸木不可倒用。这句话在全世界都可以通用，木材的使用和加工都是要顺着而不能倒着进行。在韩国古建修缮圈子里同样有这样的谚语："要修古建筑，必须要有一座山。"虽然这些顺口溜中有些话也不属于规矩，只是调侃，需要进行甄别。但这些简单明了的木匠行的谚语，可以很直观地看出老前辈们对自然的崇尚和敬畏。

"文物修缮（匠人）真的就像医生一样，过去像中医，现在像西医。"对于今天的文物建筑修缮工作，李永革师傅是这样理解的。

10

和木头打交道的"北京大爷"

黄有芳师傅进入故宫和木工活打交道的经过可谓顺风顺水。黄有芳师傅出生于1958年，和李永革师傅同属故宫第三代大木作技艺传承人。黄有芳，来自北京怀柔区的一个平民家庭。这个家中本来没有人从事过木匠职业，祖上几代人里也没出过什么手艺人。由此来看，黄有芳师傅日后来到故宫成为大木匠是人们无论如何也料想不到的。然而，世事无绝对。黄有芳师傅的邻居是一位家具工人，经常在院子里打

工作中的黄有芳师傅

制木沙发、木桌椅、木柜子等家具。小时候的黄有芳在院子里玩闹的时候就被这一手艺所吸引,经常看得入神,忘记回家吃饭。看见这位小朋友如此痴迷,木匠师傅也经常会用做活剩下的边角料给黄有芳做几个小玩意儿。就这样,当木工这颗理想的种子在黄有芳的心里扎根发芽。

1975年,从农村插队回来的黄有芳被分配到了故宫博物院古建修缮部。和黄有芳一起来的算上他自己共有8位,都是木工组的,6名男性,2名女性。"和我一样都是知青,有的从平谷来,有的和我一样从怀柔来。"在填报具体学习志愿的时候,黄有芳回忆起了那个扎根在童年记忆里的木工理想,于是在志愿表上填上了"大木修缮"这几个字,正式进入故宫博物院修缮技艺部学习木工制造,一干就是40多年。"当时本来有个油画组的老师傅说看上我了,但一打听我喜欢做木匠以后还是说尊重我的选择,让我去学木工。"

说起自己学艺的经历,黄有芳讲,自己的学徒生涯差不多是在1976年到1982年。那一时期,他主要参与了神武门工程、阅是楼工程、皇极殿工程。学徒讲究"共三年零一节",也就是说徒弟跟着师傅看活儿一共需要三年,这三年是基本不会上手实操的，手潮容易干砸了。"当学徒的时候，师傅不会特意交给你什么压箱底的绝活儿，大部分是口传心授，在做中学。开始几年都是打下手，师傅在上头修东西，你就要在下面帮着锯木料，递东西，给木匠工具开刃，没有闲着的时候。至于能学会多少，那就要看你自己的勤奋程度和师傅愿意教给你多少了。"等到学满看满三年之后就可以正式上手做活儿了，但是还需要在师傅的监督之下再干

施工现场的黄有芳师傅

三四个月，这叫"一节"。等师傅看完觉得完全没问题了，才算是正式出师，可以独当一面了。

"故宫里大部分老师傅对于带徒弟还是很尽心尽力的，但也有些老一辈的手工匠人不喜欢轻易把自己的看门绝学传授给人，这就是典型的旧社会时期的思想特点，'教会徒弟，饿死师傅'嘛！例如，我在修缮畅音阁的时候，我的师傅翁克良把我和我师兄叫到一个和他搭班儿的另一位师傅跟前，让我们帮忙打下手。在锯桃尖梁的时候，这位师傅让我们把木料送到故宫专门司管木料切割的部门锯好。之后把木料送回来后，他告诉我们哥俩暂时先不用我们了，如果需要搬运木料的话，再另行通知我们。后来我把这事情和翁师傅说了一下。师傅摇了摇头说，人家就是不太想教你们，木匠活开料不是重点，重点是画线，如果不教你们画线的话，那等于木匠活什么都没教给你们。果不其然，等过了一两天之后，那位师傅叫我们去了工厂，说料开好了，需要我们小哥俩搬桃尖梁的料，就叫我去了。我提出能不能让我们看看您画墨线，师傅摆摆手说甭看了，看了你也学不会！说白了，苦力没少干，本事没怎么学！现在我就经常跟我们同辈的工

匠说，咱身上可别有这些老古板思维，这都什么时代了，国
家又饿不着你，自己那点儿本事不教给别人难不成还想带到
棺材板儿里去啊。"回忆起自己数十年的修缮事业，黄有芳
这样感叹道。

学徒时的黄有芳（第二排左一）

黄有芳在出师后，由师傅带领又先后参与了东南角楼、
西南角楼的落架大修工程，20世纪90年代参与了碧螺亭、
御景亭的落架大修工程。但是，故宫里的建筑数量过于庞
大，永远都有没见过的建筑结构，永远也都会有棘手问题。

"故宫里的活儿太多太多了，没有人能一辈子干完所有的（活），就和中国其他的古建筑一样，你永远也找不到两座完全一样的。"

　　和李永革师傅一样，黄有芳师傅对建筑修缮的规矩也很重视，不少行业规范至今记忆犹新。"说起木工行当的规矩那可就多了，举几个比较典型的例子来说吧。在高空作业的时候，无论你知不知道下面是否有人，你准备把工具放到一旁的时候，都要大声吆喝一下，看下面有没有人路过。因为在木架顶部施工的时候会搭设彩条帆布，你根本看不到下面的情况。所以甭管有人没人你都要喊一嗓子。这木匠手里的铁家伙，顺着几十米下去，砸着人可就没轻的，容不得半点儿马虎。其他的也有，比如干活的时候不能和人说话，一边干活一边聊天搁过去就得挨踹，因为干木匠活马虎不得，一个刨子下错了可能整个料就全毁了。更重要的还是安全隐患，做工做差了都是小事，锛凿斧锯的伤着人那可不是闹着玩的。木匠行当手没几个利索的，现在用机器开料就更是如此。木匠行当的很多规矩都是为了保障安全，比如：锯子不用的时候要把它竖着立在桌子一侧，锯刃朝里；递锉子要把锉刃向着自己，不能伤着别人。"这些建筑行业口耳相传到今天的规矩，不光是对从业人员的约束，更是一种对文化传统的继承。

黄有芳师傅取得的东城区营造技艺资格认证

修缮工作上的事情，很多时候自然也不会是一帆风顺的。一些修缮难度很大的工程，让黄有芳一直记到了今天。黄有芳说道："难的工作其实很多，我还是拿我修过的畅音阁举例子，当时一层承重的柱子要进行维修，就要先对那根柱子进行评估，看看是否达到需要整块换料的程度。如果糟朽和损毁的程度不及1/3，就不需要整个更换，用铁丝、铁片箍一下加固就可以了。如果损坏超过1/3，那就要更换坏的部分了。当时的情况是这样，确定了底部需要更换以后，就先找来合适的木料把需要替换的部分做一个一模一样的出来。原本故宫大木架结构使用的是金丝楠木，但这种木料价格昂贵，数量稀少，适合做梁柱的大规格金丝楠木就更难找了，后来是在故宫库存的老楠木料里找到的。现在再进行修缮的话，大部分都是红松木，部分需要用到金丝楠木的就得从国外进口了，现在国内是找不到这么大的楠木了。把替换木料1∶1地做好了之后，就要到技术活部分了。这时候要把整个建筑关闭；搭好工棚，把整个建筑的所有受力点用钢筋加固好，然后用千斤顶、起重机把其他部件固定好；把坏的部分撤出来，用最快的速度把新做好的木料顶进去，把榫卯结构安装好。这最后一步是最关键的一步，所有师傅加班加点也要在最快的时间内把料换好，毕竟上头还架着千斤顶呢！等所有木料换完加固好之后，一点一点地把起重机撤走，然后是脚手架，最后要对修复状况进行评估，全都弄利索以后才算是修完了。这只是柱子的修法，其他的诸如斗拱、梁架什么的（修法的）差别很大，也要具体问题具体分析。""角柱的话，也得看是前檐还是后檐。后檐比较麻烦，因为在山墙里面，要把瓦件卸下来，把假柱子顶上柁后，让原有柱子没有承重功能后才能开工。也要看槽朽程度。坏得不厉害的话就用墩接，可用墩接的槽朽程度大概是柱子本身的1/3，超过1/3就要考虑更换了。首先材料是红松，其次是俄罗斯的樟子松。含水率要控制在30%以下。不过，也得分是干什么。柱子的话这个含水率可以，做装修的话就得控制在10%左右，含水率太高会变形……"如数家珍般的回忆，无不刻画着黄有芳从事修缮事业的点点滴滴。

"除了这些能明明白白说出来的行规，其他的也多了去了！"说到兴头上，黄有芳师傅不由得打开了话匣子，讲起了许多木匠行当的老规矩。"晒公不晒母，朝南不朝北，朝东不朝西。"这意思是做宫殿的榫卯，坐北朝南的房子要确保檩部的公母榫是公榫先被太阳光照射。"铣三翘四撇半椽"，这个就是古建筑出檐处放翼角椽、翘飞椽的做法。"嘴七挠八夯拉十"，这个是制作斗拱的口诀。"筛七不筛八，筛八两个拉"，木匠在锯厚木板时，木板厚度超过8寸的要两个人一起拉锯……除了大木工的行业口诀，一些编撰成体系的诗歌类顺口溜也成为这一时期故宫大木作群体修缮工作的重要见证。"我师父要是还活着，他绝对想象不到我能来大学给人教课。时代不一样了，很多东西都会跟着发生改变……过去的老手艺人苦啊，好多都是不识字的。一般出自贫苦人家的孩子，没有钱去学校念书。苦于生存，父亲把儿子送去老师傅那里学艺，置办一些锛凿斧锯。在老艺人的教导下，必须学会这些言语。在组装木架的时候要事先在木料上标记，以防出错。"

黄有芳师傅做了一辈子修缮工作，他总是和和气气的，经常在休息抽烟的时候和徒弟探讨修缮的相关技艺，甚至在到高校执教后，和学生也是以"哥们儿"的身份相互交流的。但这并不意味着，黄有芳师傅对所有事情都是睁一只眼闭一只眼、毫无底线的宽容。对于木匠活的严格把关，黄师傅不曾放松自己的职业底线。说起行业标准，黄有芳师傅认为："之前国家出台过一个文件，就是古建筑修缮的标准，其中就有涉及大木架修缮的部分。这个标准我觉得很好，但

亲临古建修缮现场指导的黄有芳师傅

在具体执行上还是有人不按照这个来。你比如前些日子我去故宫看一个正在进行的修缮工程，一个故宫里的小井亭，去了之后我一看就有点儿要发火，因为他们修的根本没按照标准来。我就喊了一嗓子，谁是安全监理？其实他们戴着的安全帽颜色区别很清楚，红色的就是安全监理，我看得出来，但我给他们面子就大声问了句。然后，他们的安全监理兼工程队队长站了出来，和我打招呼。我说不管你外头干没干

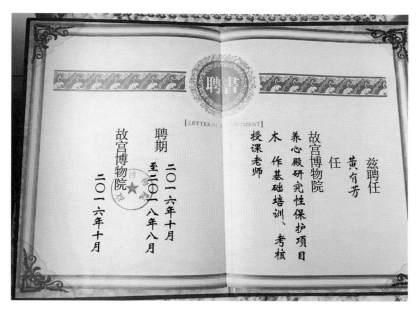

黄有芳老师的聘任证书

过，但故宫里的活这么干就是不行，你得讲规矩。这些外包的工程队在外头散漫惯了，业务上根本不了解，故宫里的修缮是有多年不变的标准的，他们根本不懂，瞎折腾肯定要出问题。"

新时代，新风气。黄有芳师傅年近退休，包括北京联合大学在内的北京许多高校邀请了他担任大木作技艺的校本课程讲授教师。他也曾赴北京职业教育学校为木作专业

工作中的黄有芳

"3+2"贯通培养的学生讲课。黄有芳于2018年获得"官式
古建筑营造技艺（北京故宫）东城区级代表性传承人"认
证。之后故宫与北京联合大学应用文理学院历史文博系签订
协议，他成为该系古建修缮课特聘教师，亲自带领学生们进
行大木作修缮的实践学习。黄有芳为人儒雅随和，深得其师
傅翁克良先生的教诲——"不要故意拿架子，把手艺传下去
才是正经事"，深受同事和学生们的爱戴。

与学徒合影的黄有芳师傅

来到北京联合大学应用文理学院指导学生的黄有芳师傅

亲自指导修缮工作的黄有芳师傅

和黄有芳一同来到故宫的，还有另一位——翁克良师傅的儿子，翁国强。翁国强，1962年生，北京市朝阳区人。现为故宫古建修缮中心的木作工长，一直从事于古建筑大木结构的施工与管理工作，于2006年取得职业资格二级证书。

　　翁国强正常上学一直上到高中，1977年恢复高考之后重新参加了高考，但是没能考入大学。翁国强高中时期曾在北京市第二玻璃厂（现已拆除）学工，后于1979年通过社会上的招工，进入了故宫博物院。翁国强自幼跟随其父翁克良学习过家具的相关制作，有一定的木工基础。1990年，翁国强调到了修缮技艺部，在其父亲的指导下正

翁国强师傅被认定为北京市东城区级非物质文化遗产项目官式古建筑营造技艺（北京故宫）代表性传承人的证书

雪天的太和殿

式从事大木作修缮工作。曾先后参与过碧螺亭、太和殿等大型单体建筑的落架大修工程，对修缮工作有一些较为独到的见解。

　　翁国强师傅认为，身为大木作匠人，最重要的品质除了勤学好问、踏实肯干之外，就是一定要认真细致、注意安全。其本人曾被开木料用的电锯锯下无名指，落下了终身残疾。

翁国强师傅近照

翁国强师傅修缮的木质斗拱

翁师傅在古建修缮工地现场

翁国强师傅参与的古建筑榫卯修缮工程

翁国强师傅修缮的斗拱蚂蚱头

11

新的起点

2012年12月，故宫博物院古建修缮中心召开拜师会。会议由郭建桥主持，突出强调了传统师承关系对于古建筑修缮技艺传承的重要性、对于故宫建筑修缮工作的良好促进性。会上，以李永革为代表的修缮技艺传承人与第四代传承人正式结为师徒，并向徒弟赠送了古建筑修缮相关的书籍。2014年6月，修缮技艺部14名派遣制学员经过2年的学习，初步掌握各自专业的技艺。为更好地促进技艺传承，进一步建立健全官式古建筑营造技艺保护传承机制，23日至27日对学员进行考评。这次考评本着"以考代练，以练代考"的理念，分为笔试、实际操作、综合考评三部分。实际操作考试分为木、瓦、油、画四部分。木作试题为马蜂腰、放八卦线、放银锭榫、双榫带蛤蟆肩、三坡棱、钻尖点拐榫、三岔头等木作基本技能。考核结果表明学员们基本上掌握了大木作修缮的技术要点，可以应用于日后的具体工作之中。

2018年4月，为提高古建修缮从业人员的职业素养，故宫博物院与国家文物局联合开办了"国家文物局官式古建筑木构保护与木作营造技艺培训班"。除故宫博物院在编的修缮从业人员外，此次培训还招收了全国各省市古建修缮研究行业的学员，共计32名，共计开展了89个小时的培训学习。学习内容为古建筑修缮理论及实际操作，学习方式为理论授课和现场实践相结合。培训先由老匠人带领学员参观八大作学习实验室，介绍古建修缮行业的行业现状及基本工序。之后带领学员来到古建修缮工作的现场进行观摩学习和现场教学，由现场工程师讲解保护性修缮的工程进度和研究内容，亲自带领学员爬铁架观察古建内部修缮状况，对遗存信息进行全面分析，总结不同历史时期的修缮技术特征，全面介绍当下修缮工作使用的检测保护手段。这一培训方式在课程设置上较为合理，取得了一定的成果。目前已在故宫博物院开展3期，并受到国内其他省市文物建筑保护单位的借鉴学习。

除在内部开展定期的培训考核，故宫博物院还以单位的名义与北京市第二职业中学、北京联合大学等北京市属学校开展"3+2"贯通培养联合办学的新型模式，以定向就业、定向培养的方式为故宫和其他古建筑修缮单位培养输送人才。故宫博物院的黄有芳、王贵福等修缮匠人在故宫博物院的推荐之下与北京联合大学应用文理学院签订了合约，每周前往学校两次，指导报选"非物质文化遗产古建筑实践"这门选修课的学生学习大木作技艺，并指导学生们完成了诸多故宫中古建筑缩微模型的制作，获得了学校内师生的高度评价。

2013年至2020年，修缮工作的指导性思想与纲领性文件，主要为"研究性保护"理念以及《"平安故宫"工程总体方案》。《"平安故宫"工程总体方案》工程重点建设内容如下：建设北院区，地下文物库房改造，基础设施改造，世界文化遗产监测系统建设，安全防范新系统，院藏文物防震工作，文物抢救性保护修复。从中可以直观地看出，对于故宫现有文物建筑设施的安全保护是这一时期文物保护工作的重点之一。研究性保护，则要求在修缮保护文物建筑的同时，最大限度地发掘文物本身的历史、文化、科学、艺术价值，将研究与保护有机地结合在一起，做好前期论证、过程调查、事后评估等工作。同时，以法律法规的形式明确零修与岁修等日常性养护工作，突出强调了日常工作的重要价值。

2013年3月，宁寿宫花园（符望阁区）保护修复工程开工，建筑面积1295.9平方米。年内主要进行了符望阁上、下层屋面和瓦面，下架木构件油饰脱落修整。

2013年8月，午门雁翅楼古建筑群保护维修工程于上旬开工，建筑面积4563平方米。修缮工程主要进行了东、西雁翅楼及四角楼室内、外下架的大木构件的加工制作，并对屋面的糟朽木板进行了补配。

2013年5月，紫禁城出版社正式启动《故宫古建筑保护工程实录：太和殿》《故宫古建筑保护工程实录：神武门》工程报告的编写工作，对修缮完工的项目编写修缮报告，起草编写大纲，开始资料搜集与整理工作。同时，《钦安殿修缮报告》文稿送交故宫出版社。《太和门东西庑工程竣工报告》《慈宁宫工程竣工报告》的编写工作也着手进行。

2013年11月，国家文物局颁布《文物建筑保护工程勘察设计文件编制规定》。该文件将文物建筑的修缮类别分为了复原、养护、抢修、迁建、恢复五大类，要求在修缮工作开展之前做好先期论证工作，同时较少干预文物建筑原貌，第一次以官方文件的形式强调了文物建筑日常养护的必要性。文件要求故宫博物院根据古建零修工作安排，坚持每周

3次对全院古建巡视一遍，并及时整理巡视记录。针对古建筑在各种环境影响下发生的正常或异常变化，区别对待具体残损程度，分轻重缓急，有针对性、计划性地进行零修和急修，完成全年零修任务。该年度故宫博物院共全年拍摄巡查资料照片3400张，发送古建零修任务单460张。其中，石材维修57项，木装修106项，瓦顶保养及墙身、墙帽检修125项（其中天沟保养42项），搭设勘察架木28项，油饰、彩画保养21项，塑木台阶及防滑条黏结17项，其他零修79项。根据全年维修保养计划及极端暴雨天气对古建筑本体造成的危害，重点维修保养多个区域建筑。其中瓦顶重点项目有太和门、太和殿、中和殿、西华门、西南角楼、西北角楼、宁寿宫、宁寿门、隆宗门、永和宫一区、承乾宫一区、天穹宝殿一区、茶库一区、缎库一区、慈宁宫一区的瓦顶保养。

2014年5月，养心殿研究性保护工程启动仪式的开幕会上，郑欣淼院长总结当时的修缮规划进度为"一年修一座大殿"，日常的修缮工作分为零修与岁修。零修即对单体文物建筑进行重点落架大修，属于大型修缮工程；岁修为一种事半功倍的修缮工作。该词来源于清代《钦定现行宫中则例》，指对古建筑进行的一些工期短、工程量小、频率高的修缮工作。岁修的好处在于资金投入较小，可一年一修，最大限度地维持文物的健康状态。同时，也可维持住修缮团队的规模以及修缮技艺的传承。

2014年开展的养心殿修缮工程不同于其他故宫文物建筑的修缮工程，其被故宫博物院命名为"养心殿研究性保护项目"，也就是说此次修缮不光要完成文物建筑的主体修缮工作，更要对其历史文化信息进行全面而深入的挖掘研究。修缮工程的开展基于对文物建筑深入的研究，从而更好地开展修缮工程。同时，大量先期研究也可以充分挖掘其文化价值，有利于文化历史信息的传承。2015年，养心殿修缮工程开启，此时"平安故宫"项目开展已3年有余，对于修缮工程的安全保障意识已逐渐成为修缮工作人员心中的重要准绳。

由于养心殿本身的文物价值较高，对于施工安全的保障则更为慎重。在整个修缮过程中，除去原本的古建修缮团队，安全监理、施工工程审计、施工工程供暖、展陈陈列施工、植物研究保护等诸多保障施工安全的团队也加入其中，一天的时间内工作人员的进出可达40~70人次，高峰时期可达百人次之多。养心殿院内面积不过300余平方米，在修缮的过程中还要堆放大量施工材料，这对修缮项目的工程管理提出了巨大的挑战。修缮团队的负责人曾直言不讳地讲道："管理难度如此之大的修缮项目在故宫里是没有遇到过的。"为应对这一挑战，故宫博物院特地成立了养心殿修缮项目安全巡查小组，由专人负责一日三次高强度对养心殿内的施工现场进行安全巡查，并不断强化工作人员的文物保护意识及施工安全意识。同时聘请了许多曾经在故宫中工作过的已经退休的老师傅负责进行施工现场的安保工作，钥匙由专人看管，严格落实安全保障责任制度。在相对健全的制度保障和工作人员认真负责的工作态度之下，养心殿修缮工程从头至尾没有出现任何安全事故。

除了最为重要的工地安全，在施工过程中修缮团队还对建筑本身进行了较为全面的勘查和统计。文物建筑的隐蔽的历史信息往往只能在修缮过程中才能被有效发掘，许多建筑构件间的历史信息一旦在修缮过程中没有及时记录就会被永远抹去。为了保留住这些弥足珍贵的历史信息，便需要对文物建筑的零部件进行事先记录。负责这项工作的主要是修缮团队中的实习员工，他们付出了较大的艰辛，将养心殿木结构的零部件进行了详细拍照、编号，全部记录在册，成功地记录下了养心殿原有的历史风貌，为日后编写养心殿保护项目的报告打下了坚实的基础。对于大柱的修缮，由于通风条件较差，养心殿外檐柱的顶端和底部发生了糟朽，形成了枣核形的侵蚀。考虑到养心殿本身材质为珍贵的楠木，因此在修缮过程中没有采取传统的墩接方法替换柱基，而是借鉴了镶补的方式，用新的木料替代原有糟朽的木料加以拼接，而后用宝剑头[1]进行了加固，较大程度地保存了原有建筑基础。

2015年4月，大高玄殿修缮工程开工。大高玄殿曾于20世纪50年代被部队借用，属明代建筑，文化历史价值较高。后于2014年还于故宫博物院。在对其大木结构进行勘探的过程中，发现大量破损和违规的私搭乱建，前期工作并非修

---

[1] 宝剑头：古建筑正脊上用来固定梁架和脊兽的特殊结构。

缮而是清理违规建筑。许多大木作材料存在着老化、变质、腐朽、功能性丧失的问题，结构强度不足，致使部分构件挠度过大，建筑稳定性减弱。一些诸如望板、椽子等单体构件发生了不同程度的缺损。根据前期测绘，发现建筑二层的8根金柱已有5根外倾，已出现反向侧角。平座斗拱外倾，最大处达到12厘米。琉璃宝顶开裂，部分缺损，同时存在釉面脱落的情况。为排除该建筑整体结构的危险和隐患，保证建筑的完整性，古建修缮小组多次进行专家论证，在进行了多次试样和物理实验之后决定对开裂的大梁进行修复性加固。由于大高玄殿的主体梁架结构材料为珍贵的金丝楠木，因而不宜像修缮其他古建筑那样对其使用原样替换的方法，而是用结构强度相近的木料加工出模型后，对模型进行了10多次的拉力、冲力、承载力的实验，在确定修缮方案的结构强度万无一失后方对大高玄殿进行修缮。修缮过程中，对于开裂程度较大的裂缝，先用传统方式，楦缝填实，再用环氧树脂灌实；开裂程度较小的裂缝则采用灌缝填实加固。水平通缝先以抱箍方式用螺栓加固，于梁下与抱柱之间垫钢板，再用扁铁拉结，调整挠度。适度调整沉降，减小对上部结构的影响。这一修缮工程在保留了古建筑大量原有材料和结构的基础之上，做到了对文物的有效加固，其成功之处得益于实验设备的更新及"最少干预文物"这一修缮理念的进一步深入，是传统工艺与现代修缮技术相结合的又一典型案例。

2016年，"故宫文物医院"建成投入使用，旨在将传统技艺与现代科技相结合，做好前期修缮的论证工作。文物医院将历史悠久的文物修复技艺同当今先进的科学修缮技术相结合，与诸多海内外文物保护机构建立合作交流关系，使用科学建档、红外频谱分析、X光照射检测等方法，力求用最为严谨、审慎的科学态度和工作方法，最大限度地实现包括文物建筑在内的诸多文物的修复工作。

后记

　　故宫官式建筑大木作营造技艺历史悠久，设计考究，选料上乘，工艺流程复杂且精细，涉及诸多工艺细节及行业规范，是我国古代乃至世界古建筑大木作的瑰宝，具有很高的历史认识价值、科学价值、艺术价值。大木作营造技艺是我国古代劳动人民建筑艺术智慧的杰出体现，需要加以保护并予以传承发扬。

　　中国古建筑大木作技艺历史悠久，至明清时期发展至顶峰，而故宫官式建筑更是这一技艺的集大成者。中华人民共和国成立之后，人民政府接管故宫博物院并整合了前故宫造办处的老匠人和民国时期营造厂中的老师傅，开始了故宫大木作修缮工作，前后共历经了1956年至1966年、1975年至1999年、2000年至2012年、2013年至2020年四个修缮高峰期，经历了从起步到成熟，再到逐渐完善的过程；先后共形成了四代传承人群体，修缮技术与理念不断更新，从最初的"不塌不漏"到注重保护与利用相统一，不再片面地追求一劳永逸地修缮文物建筑。工具和用料日益现代化、标准化，修缮工作也日趋成熟化，并不断和国际先进理论接轨。特别是自21世纪"百年大修"开始之后，诸如"研究性保护""完整保护理论"之类的先进理论逐渐成为修缮工作的指导思想，技艺传承方式也日趋注重发扬传统的师承方式，同时开展合作办学，广纳人才。

由于社会环境的变迁和历史遗留的体制上的问题，当下大木作技艺的传承上依然面临着诸多困境，例如大木作技艺本身缺乏科学记录性，记录方式较为原始，普及性不强；传统的传承方式在新环境下难以匹配，部分传统匠人思想还比较守旧；现行的高等教育中缺乏实践环节，毕业生走上工作岗位后才开始接触木作技艺，缺乏"童子功"；社会对于大木作技艺和匠人群体认知存在偏差，一线修缮工人待遇较低，人才培养体制不甚合理，等等。针对这些问题有关部门应当购置高科技记录设备，对其加以科学规范的记录管理；适度放宽人才录用标准，不再唯学历论，提升一线修缮匠人的社会地位和实际待遇；提升公众宣传力度，与新媒体和互联网组织合作，加强宣传，推出大众喜闻乐见的文创产品，加强公众参与度，改善公众对于大木作匠人和大木作修缮工作的看法，从而保障非遗技艺的有效保护和顺利传承。

李文浩　顾军

2022 年 1 月